U0258253

医疗空间室内设计

边　颖　赵晓东　著

机械工业出版社
CHINA MACHINE PRESS

本书系统地阐述了医疗空间的室内环境应遵循怎样的设计原理，根据功能的不同将医院空间分为六大类型，介绍了不同类型的建筑空间对室内环境的工艺、色彩、结构、人文等方面的设计要求，将空间设计的层次进行系统性的划分，从空间布局、工艺流程、色彩材料、物理环境、人文环境等方面分门别类、图文并茂地讲解设计原理，同时结合时代发展，还附有无障碍设计、物流技术、信息化、寻路设计、传染性疾病等方面的内容。本书适合建筑设计专业学生、从事医院建筑设计的从业人员及相关专业人士。

图书在版编目（CIP）数据

医疗空间室内设计 / 边颖，赵晓东著. -- 北京：

机械工业出版社，2024. 7. -- ISBN 978-7-111-76109-9

Ⅰ. TU246.1

中国国家版本馆CIP数据核字第2024FN6772号

机械工业出版社（北京市百万庄大街22号　邮政编码100037）

策划编辑：赵　荣　　　　　　　责任编辑：赵　荣　张大勇
责任校对：贾海霞　梁　静　　　封面设计：鞠　杨
责任印制：任维东
北京中兴印刷有限公司印刷
2024年9月第1版第1次印刷
169mm×239mm · 16.25印张 · 337千字
标准书号：ISBN 978-7-111-76109-9
定价：89.00元

电话服务　　　　　　　　　　　网络服务
客服电话：010-88361066　　　　机　工　官　网：www.cmpbook.com
　　　　　010-88379833　　　　机　工　官　博：weibo.com/cmp1952
　　　　　010-68326294　　　　金　书　网：www.golden-book.com
封底无防伪标均为盗版　　　机工教育服务网：www.cmpedu.com

前言

　　医疗与人的生命密切相关，是人类健康和社会持续发展的基础。随着医疗模式的转变以及老龄化社会的到来，医院设计不仅强调医疗功能的实用性、高效性和智能性，同时也更应该关注医院的软性环境建设，营造自然温馨的人性化疗愈环境，打造医院文化，使患者具有更好的就医体验，医护人员拥有更舒适的工作环境。

　　为进一步提升医院的环境品质，营造和谐温馨的医院诊疗环境，本书基于调研的医院现状和医院需求，结合"绿色医院""人文医院""智慧医院"等发展趋势，参考《综合医院建筑设计规范》（GB 51039—2014）、《无障碍设计规范》（GB 50763—2012）等标准规范，撰写了共计7章关于医疗空间室内设计的内容。涵盖医疗空间室内设计概述、医疗空间室内设计方法、门诊部室内设计、急诊部室内设计、医技部室内设计、住院部室内设计、医院其他空间设计等内容，围绕典型空间的室内布局、色彩搭配、材质选择、物理环境、软装绿化等设计元素，构建医疗空间室内设计的系统化理论，为医疗空间室内环境设计提供理论参考和实践指导。本书可为从事医疗建筑设计、建筑装饰设计、环境艺术设计等相关领域的人员提供指导，也可为高等院校建筑设计、建筑装饰设计、环境艺术设计等专业的学生提供学习参考。

　　本书由边颖和赵晓东共同撰写，其中边颖撰写第1、2、3、7章，赵晓东撰写第4、5、6章，全书由边颖负责制定撰写框架和思路以及最后的审核统稿。

　　本书得到2021年度河北省高等学校科学技术研究项目"基于平疫结合的医院发热

门诊循证设计研究（ZD2021339）"项目资助，是该课题的部分研究成果。

书中部分图片来源于北京格伦工作室，特别感谢格伦教授对于本书出版的大力支持。

本书的出版得到机械工业出版社的大力支持，本书在撰写过程中参考了许多文献资料，在此对其作者一并致以衷心的感谢。

由于时间仓促及作者水平有限，书中难免会有一些不足之处，恳请专家和读者给予批评指正，以便更好地修改完善。

边颖

2023年11月

目录

第1章
医疗空间室内设计概述

1.1 医疗空间发展历程

1.1.1 医院起源

　　医院最初是伴随着医药的发展，结合当时的社会条件，以民居和寺庙的形式出现的，这一类型的医院被称为宗教民居型医院。据记载，"神农尝百草……始有医药"，古代人类在生存斗争的反复实践中，利用锐利的砭石排脓放血，这可以说是经验医学的开始。大约在两汉之际，佛教由印度传入我国，许多僧侣兼通医道，借医传教，一般人多往寺庙求医拜佛，病重道远者，长期留住寺内，从而形成了慈善性质的寺庙医院。据唐《高僧传》记载，东晋衡阳太守腾永文就曾寄住洛阳满水寺求医。唐代，农业、手工业和商业空前繁荣，个体手工业者形成各种作坊的同时，个体医生也联合组成"坊"的形式，初期称"悲田坊"，后称"病坊"。

　　宋代王安石的富国强民政策推动了各类医院的发展，1089年，苏轼在杭州创建的"安济坊"是一所著名的平民医院，当时已经有较为完善的病例记载，提出了"宜以病人轻重，而异室处之"的管理制度。1229年，苏州已经出现我国第一所正式命名的"医院"，据苏州博物馆收藏的刻有"平江图"的石碑记载，"医院"的位置约在现在苏州市的十梓街附近（图1-1）。另据记载，1231年，苏州建造"广惠坊"时，"乃卜地鸠材，为屋七十程，定额二百人"。可见已经具有较大规模，在建筑布局上，则采取厅堂与廊庑相结合的庭院形式。

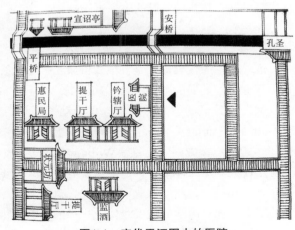

图1-1　宋代平江图中的医院

除寺庙和官办医院外，还有私人经营的药房诊所，如三国时，吴国人董奉经营的"杏林"医舍；清明上河图中描绘了宋代开封府赵太承家的药店诊所，有名医坐堂看诊的情景（图1-2）。

图1-2　清明上河图局部

西方医学是以古希腊、古罗马医学为基础。古希腊约在公元前4世纪～公元6世纪形成经验医学。古罗马医学是以古希腊医学为基础形成的，以重视解剖学的盖伦为代表，但他的唯心论和目的论的观点为教会所利用，阻碍了中世纪医学的发展。5～15世纪，医学受宗教和神学的束缚而倒退，甚至把古希腊经验医学中的一些精华也抛弃了。

国外的古代医院最初多为传播宗教的慈善机构，如公元前473年印度的锡兰医院、公元前226年东印度的阿育王医院等都是有名的佛教医院。在欧洲，基督教会设立医院作为传教手段。9世纪时，欧洲建立了许多与寺院相连的医院，供长途朝拜的善男信女食宿医疗之用。从而形成医、旅、寺庙三位一体的多功能建筑。

我国与国外的医药交流，早在唐代就沿"丝绸之路"伸展到西亚、欧洲、非洲。元代侵占波斯后，城防军中有不少阿拉伯士兵，他们习惯于阿拉伯疗法，当局乃于1270年设立"广惠司"，聘请阿拉伯医生配置药方，为"诸宿卫士及在京孤寒者"治病。元世祖至元九年（1272年），天文学家兼医生富兰克依塞在北京开设的医院，被认为是外国人在我国开设的第一家医院。

1.1.2　近代医院的形式

近代医院的代表形式是分散式健康工厂型医院。近代实验医学、机械医学的发展是工厂型医院发展的基础。15～16世纪，随着资本主义的萌芽和发展，意大利的"文艺复兴"、德国的"宗教改革"也推动了医学的复兴运动。安德烈亚斯·维萨留斯（Andreas Vesalius）纠正了盖伦解剖学上的许多错误，塞尔维特（Serveto）发现了肺循环。17世纪，威廉·哈维（William Havey）发现了血液循环，后来显微镜的发明和应用使人们对人体细微构造的认识有了很大进步，为医学走上实验科学的道路奠定了基础。18世纪，欧洲工业革命以后，自然科学有了重大进步，19世纪中叶，自然科学的三大发现对医学的发展产生了积极的影响。物理学、化学、生物学的发展，更为医学的发展提供了条件，使细胞病理学、微生物学、免疫学、生理学、生物化学、药理学等均有显著发展，古老的欧洲在300多年间发生了巨大的变化，逐步形成比较完整的医学科学体系。这一时期，医疗技术方面也出现了空前繁荣的大好形势。输血、麻醉术、消毒、灭菌术、近代护理、X射线和心电图检查等相继问世，使手术治疗取得划时代的进展。近代医学促进了专业分科和医护分工，形成了人员、设备按专业归口，各科室之间分工协作的近代医院雏形。

近代医院的特点是受南丁格尔开创的护理学影响。典型的南丁格尔式病房为长条形的、可容纳20～30张病床的大病房，便于护理人员监护性别年龄较为统一的军队患者（图1-3），但它用于一般的社会医院则存在较严重的缺陷：多床开放式病房对保护患者的隐私极为不利，也不利于按病种隔离病患，感染机会较多。为控制疾病传染，近代医院建筑多采取分科分栋的分离式布置，如1854年巴黎的拉利波瓦西埃医院（图1-4），其平面有10个翼形尽端，以廊联通，形成内院，前为办公区、药房、厨房；后为手术室、洗衣区、教学楼，6栋病房共有606张病床，已具较大规模，它在分立式布局的基础上，又有新的发展。

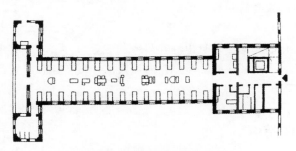

图1-3　南丁格尔式病房

18世纪欧洲的工业革命使医学界开始倾向于以机械运动来解释生命活动。把人体比拟为机器，治病视为排除机器故障或更换器官零部件，医院是医疗车间，医生是主角，护士是助手，产品是经过手术和药物处理的患者，这里崇拜的是医疗技术和设备，患者则是加工处理的部件。在这种思想的支配下，医院建筑也就成了健康修配厂，这是一种只重视理性而忽视人性的医院建筑。

近代医院已不再是单纯的慈善收容机构，它已成为社会的主要医疗组织形式，在医疗技术、医疗设备、房屋设施上都处于领先地位。专业分工、集体协作是近代医院的基本特征，反映在建筑上则是分科、分栋的分离式布局。由于检查、化验、手术等医技科室对建筑有特

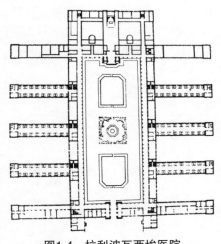

图1-4　拉利波瓦西埃医院

殊要求，近代护理学对病房的要求也异于普通居室，医院建筑的个性特征更趋明显，从而成为一种独立的建筑类型受到社会的重视。

1.1.3 现代医院

现代医院的发展主题是建设"人性化医院"。现代医学的发展使人们对"健康"的理解已经不再局限于生理的范畴，而是扩展到心理和社会的广度，强调生理、心理、社会的整体医学模式成为现代医学的主流。这种变化也带动了医院建筑向现代建筑迈进的步伐，医院建筑与医疗技术、建筑技术的结合更加紧密，"以人为本"的设计思想逐渐成为现代医院建设的主流思想。建筑设计不仅要从医者的角度强调医院的合理性，还要考虑患者及社会的反映，即医院环境在保持医院合理性的同时，也能满足患者的多样需求。于是，医院建筑设计开始强调明快、温暖、以患者为本体的人性化设计。医院建筑中逐渐出现餐厅、商店等与医院"无关"的场所，这也正是一部分住院患者正常生活所需的，置身其中，使他们有一种回归社会的感觉，处理得当的话，对于促进患者的康复有很大帮助。

现代医院主要是医疗、教学、科研三位一体的医疗综合体，其组成内容日益复杂，专业化、中心化的倾向比较突出。在科室构成上，许多新型科室的出现使医院科室的构成更加复杂和多元。医院的后勤设施以及医疗设备逐渐社会化，多家医院资源共享，使资源的配置更加合理。

1.2 医疗空间的特点

1.2.1 医疗空间的功能性

医疗机构包括综合医院、各类专科医院、针对特殊人群的专门医院（如妇幼保健医院、儿童医院、传染病医院，肿瘤医院等）以及医学研究机构、卫生防疫机构、生物制品研究和检验机构等。一个综合医院包括门诊部、医技部、住院部等医疗部门，也包括后勤保障、办公科研等非医疗部门（表1-1）。

表1-1 医疗功能空间

	功能	空间组成	图示
医疗空间	门诊空间	主要包括门诊大厅、收费挂号处、候诊厅、内科、外科、妇产科、儿科、中医科、眼科、耳鼻喉科、皮肤科、特需门诊等功能空间	

	功能	空间组成	图示
医疗空间	急诊空间	包括抢救大厅、急诊室、输液留观处、急诊手术室、急诊医技区、EICU、急诊病房等功能空间	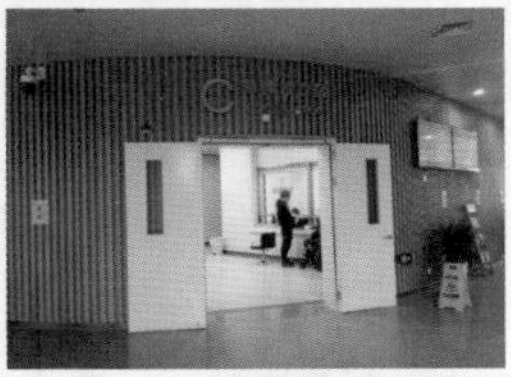
	医技空间	包括影像中心、手术中心、放疗科、核医学科、消毒供应中心、重症监护室、功能检查科、B超科、内镜中心、介入中心、血透中心、病理科、检验中心、高压氧舱、药剂科、日间手术室等功能空间	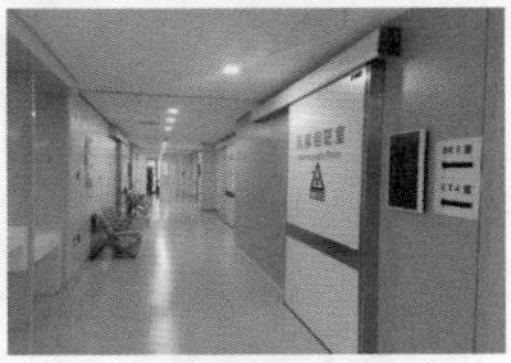
	住院空间	包括住院大厅、结算处、商服空间、住院药房、各科标准护理单元和层流病房、烧伤病房等特殊护理单元等功能空间	
	公卫中心	包括发热门诊、肠道门诊、感染门诊、感染病房、检验科、影像科、治疗室、处置室等功能空间	
健康管理空间		包括公共区、健康管理区、公共检查区、男宾检查区、女宾检查区、VIP检查区、医护辅助区等功能空间	
后勤保障空间		包括职工餐厅、营养厨房、洗衣房、锅炉房、太平间、制氧站、安保中心、设备用房、库房、垃圾处理站、外包服务用房等功能空间	
行政管理空间		包括院长办公室、外联办公室、党委办公室、纪检监察室、宣传科、工会、人事科、应急办、安保部、投诉接待办、质控办、医务科、病案科、档案中心、护理部、教务科、科研科、感控科、医保科、财务科、审计科、总务科、医工处、基建科、信息中心等功能空间	

功能	空间组成	图示
教学科研空间	包括中心实验室、专科实验室、GCP（药物临床试验办公室）、技能培训中心、教室、图书馆、电子阅览室等空间	
院内生活空间	包括供学生及进修培训人员使用的宿舍、专科公寓、职工活动室等空间	
交通与商服空间	包括医院街、停车场、商服中心等	

医院建筑功能复杂，规模庞大，流线繁多，尤其是综合医院，床位多、科室多，功能非常复杂。因此医院的功能设计非常重要，设计是否合理，流线是否清晰，决定着医院建成投入使用后是否实用、适用和好用。为设计功能合理的医院，应该对医院进行合理的功能分区，洁污、医患、人车等流线要组织清晰，避免院内交叉感染。同时还要做到动静分区，保证住院、手术、功能检查和教学科研等区域环境安静。建筑的功能布局宜紧凑，使用功能完善，流程科学合理，交通系统便捷，环境温馨舒适，方便管理，减少能耗，避免设备设施的重复配置，提高医疗服务效率和建筑综合使用效率。

1.2.2 医疗空间的技术性

技术因素是医疗空间室内设计中非常重要的一项考虑因素，要考虑的内容也非常多，如物流系统、医疗设备、净化工程、辐射防护技术、物联网技术等（表1-2）。医疗空间内的医疗设备与设施也是需要考虑的重要因素，尤其是大型设备，如与预留空间的关系、强电弱电布局、与其他设备是否存在干扰、与相邻空间的要求、感控要求等。小型设施主要考虑其与空间布局的关系，如病房内的治疗带、病房顶棚上用于悬挂输液瓶的滑轨等。

表1-2　医疗空间技术因素

因素	内容	图示
物流系统	包括气动物流传输系统、箱式物流传输系统、轨道小车系统、AGV机器人物流、污物回收系统等	
医疗设备	包括 CT、MRI、PET/CT、PET/MRI、ECT、直线加速器、回旋加速器、质子放射治疗设备、重离子放射治疗设备等大型医疗设备	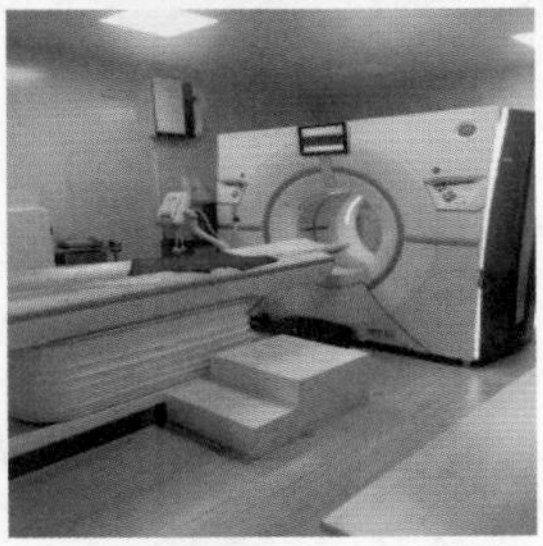
净化工程	包括手术类科室（中心手术室、日间手术室、急诊手术室）、各类重症监护室（ICU、NICU、PICU 等）、特殊护理单元（烧伤病房、层流病房）、消毒供应中心、静配中心、检验中心、介入中心、生殖中心等需要净化的医疗科室	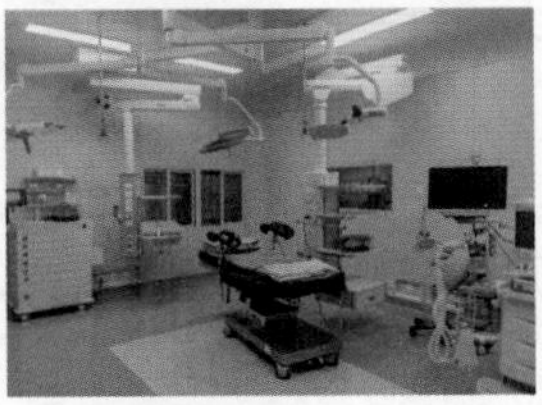
物联网技术	包括电子体温计、电子血压计、电子血糖计等患者体征采集系统；无线输液检测系统；患者防走失管理系统；物资追溯管理系统等	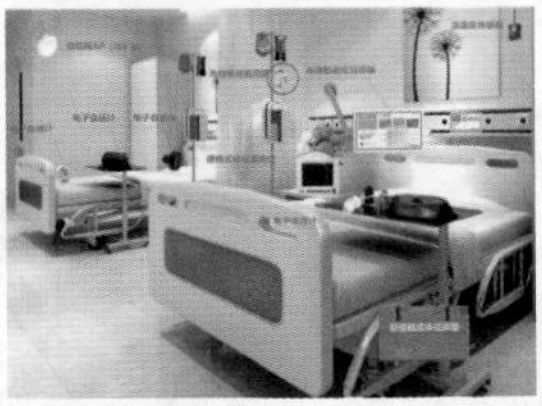

1.2.3　医疗空间的人文性

医疗空间的人文性主要体现在医院建设以患者为中心，将人性化服务的理念渗透到医院空间中，通过缩短诊疗流程、完善交通系统，提高就医效率。采用分层挂号、分层等候，分科挂号、分科等候的模式，减轻患者的心理压力。挂号、候诊、检查、诊断、治疗、结算、取药全程线路清晰，诊疗全程流线便捷。提供相关的配套服务设施，如餐饮、超市、花卉、商务、银行、健康书吧、咖啡厅、儿童游乐等，打造全新的就医体验。在规划医辅用房时尽量减少完全封闭的黑房间，尤其是医护人员长期使用的空间，要增加自然采光和通风，保障医护人员的工作环境，给医护人员提供休息、交流的空间，缓解工作压力，进而提升医护人员的工作效率。

疗愈环境是从环境心理学角度演变而来的一个词，"疗愈"和"治愈"不同，治愈一个患者是基本医疗行为，而疗愈则需要考虑患者"身—心—精神"三方面的因素，应让空间设计贴近患者心理，帮助患者获得心灵上的平静与宽慰，满足他们追求健康以及被关爱、被疗愈的需求。在设计上可以通过色彩、音乐、材料、绿植等元素的合理化设计，提升医院的人文性（图1-5）。医院的室内设计应尽量在色彩、材质、灯光、装饰等方面注意缓解患者的紧张情绪，创造温馨和谐的氛围。如在急诊室和一些抢救用房可以使用令人情绪稳定的蓝色；而住院病房则可以采用令人心情愉悦的暖色；在儿科等候空间可以设置供儿童游戏的游乐场，使他们的恐惧感降低；充分利用尽端、边角空间设置交流空间，为患者提供社会支持。营造人性化的疗愈环境需要从空间的色彩、材料、绿化、声音等元素入手，精心设计，营造出利于患者康复的环境。

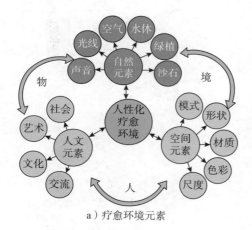

a）疗愈环境元素

b）医院绿化

c）装饰色彩

d）医院标识

图1-5　医疗空间人文环境设计

e）医院音乐设施　　　　　　　　　　f）医院商业服务设施

图1-5　医疗空间人文环境设计（续）

　　医院要向患者提供人性化服务，对员工进行人性化管理，通过医院文化的培育和文化管理模式的推进，树立社会责任感和"以患者为中心"的理念，从"重硬件"向"重服务"转变，打造具有内涵的人文医院。

1.2.4　医疗空间的艺术性

　　医疗空间在满足使用功能基础上需要体现医院的美学价值及艺术性，给患者带来美学享受，以此来改善医疗环境和空间品质，彰显医院空间特质和艺术表现力。

　　可以植入人文艺术要素，如绘画、雕塑等艺术作品，增添医院的艺术气息。艺术挂画的位置宜结合观看者就座的视线设计，如不宜设于观看者背后，不应被设备柜机所遮挡，对于儿童观看者，挂画的位置不宜过高。挂画的尺寸应结合观看者的位置来设计，还要给挂画提供足够的照明，使观看者可以较为清楚地欣赏到画面的具体内容，以便更好地发挥艺术挂画的疗愈功效。艺术挂画的题材以自然景物为最佳，瑞典查尔姆斯理工大学医疗建筑研究中心的建筑教授罗杰·乌尔里奇指出：患者越靠近自然，对康复越有利。研究表明，相比于悬挂抽象画或者干脆空白，在医院墙上悬挂自然景色的图片能明显减轻精神病患者的焦虑、躁动情绪，缓解患者因进入陌生环境而产生的陌生感和恐惧感。观看自然影像视频的患者忍受疼痛的能力要更强，情绪也更积极。大厅主要以大尺度的壁画为装饰，也可选择浮雕、纤维艺术和雕塑等艺术品。一幅优秀的壁画作品在给患者提供美的享受的同时，也会增强患者战胜疾病的信心，缓解患者的焦虑心理和精神压力。平面形态的艺术品如绘画、摄影、壁挂等是走廊空间的首选，布置时要考虑整体墙面和艺术品的比例、风格是否和谐统一。艺术品以暖色调为主，在不影响交通的条件下，也可适当陈设一些小的雕塑作品。绘画是装点病房的不二选择，病房空间相对有限，绘画作品悬挂在墙上既节省空间又具有很强的观赏性，根据病房内居住人群的不同，选择具有不同形式、风格的绘画作品，烘托空间氛围的同时对患者的心灵加以抚慰。

　　除艺术挂画外，还可以在适当位置放置雕塑、艺术装置等作品，彰显空间品质及艺术气息。

除放置艺术挂画、摄影作品、雕塑等艺术作品外，还可以适当引入文化艺术活动，如在医疗街中举办宣教、展览、小乐队演奏等活动，也可以在儿童活动区设置儿童游戏、景观鱼缸观赏、与电子多媒体互动等活动（图1-6）。

1.2.5 医疗空间的安全性

1. 无障碍设计

注重无障碍设计，包括病房设施无障碍、诊疗过程无障碍、院区环境无障碍，保障患者能够安全就医，使行动不便的患者能够顺利到达任何一个功能区域、配合各种检查治疗、办理各种支付结算、领取各种药品器械、获取各种生活用品，真正实现医疗空间无障碍。

在进行无障碍设计时应根据《无障碍设计规范》（GB 50763—2012）的相关规定，结合医院空间设计的实际情况，在医院的室外、大厅、入口、电梯、病房、卫生间等空间设置无障碍设施，注意

a）病区走廊艺术挂画

b）休息区雕塑

c）在休息等候大厅举办的摄影展

d）医院大厅设置的壁画

e）艺术活动

f）电子多媒体互动屏

g）字母金属焊接铸造的雕塑

h）空间悬挑艺术装置

图1-6　医疗空间艺术环境设计

对楼梯、门窗、地面和相关设备的构造细节进行无障碍处理，增强使用的安全性。导诊台、护士站等服务台需要设计成无障碍的高低位形式，方便医护人员与轮椅患者进行有效交流，台面下要留出合适的空间以保证轮椅患者可接近（图1-7）。走廊扶手是医院

室内行动不便患者的重要助力与平衡设施，应设置0.85米以下的低位扶手（图1-8）。

图1-7　护士站无障碍设计

图1-8　走廊双层无障碍扶手

2. 感染控制

医院感染管理（简称"院感"）是一门多学科交叉渗透的新兴学科，目前已经出版相关的规范《医院感染预防与控制评价规范》（WS/T 592—2018），院感也应符合《综合医院建筑设计规范》（GB 51039—2014）、《传染病医院建筑设计规范》（GB 50849—2014）、《医院隔离技术标准》（WS/T 311—2023）等的规范要求。

感染控制（简称"感控"）是保障医院安全性的非常重要的管理因素，参与维持医院关键科室的卫生状态，防止感染以及避免有害物质产生危害。医院对感染控制和患者的安全管理贯穿于每个环节。感控不只是医院管理的范畴，在设计医疗空间时就要通过空间布局、流线安排等对医院科室进行科学布局，对医院感染进行有效控制。

应设置医疗废弃物分类收集点、医疗废弃物暂存设施以及污水污物处理设施。污水、污物等医疗废弃物的收集、储存、运送、处置以及监督管理应符合《医疗废物管理条例》（国务院令第380号）、《医疗卫生机构医疗废物管理办法》（卫生部令第36号）、《医疗机构消毒技术规范》（WS/T 367—2012）等规范和标准的要求。

如图1-9所示，按感控要求设置了清洁区、潜在污染区、污染区，三区划分清晰，基本相互无交叉，符合规范要求的"三区两通道"的感染控制设置原则。患者活动范围限制在

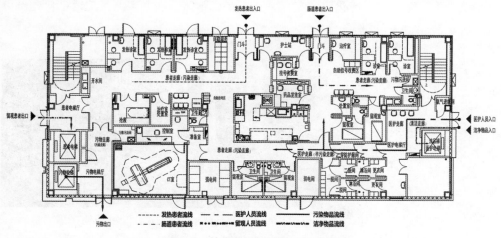

图1-9　符合院感要求的三区设置

污染区，医务人员一般的工作范围在清洁区，潜在污染区是清洁区与污染区之间的过渡地段。出入口设置合理，避免交叉感染，分别设置了洁品入口、污物出口、患者出入口、医护出入口，流线安排符合院感规范要求，合理组织清洁物品和污染物品流线，能够有效预防交叉感染，除此之外，空间布置、空间材料等方面也应符合院感要求（图1-10）。

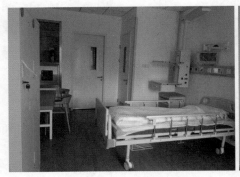

a）病房　　　　　　　　　　　b）病房传递窗

图1-10　符合院感要求的医疗空间

1.2.6　医疗空间的信息化

智慧型医院建设就是将云计算、大数据、物联网和人工智能等新兴信息技术，深度融入诊疗和全生命周期健康管理过程，以患者为中心，在诊疗、服务和健康管理等方面，为患者提供更加安全、高效和便捷的智能就医环境，实现医院的智慧医疗、智慧管理、智慧后勤、智慧护理，同时形成大数据平台，打造系统化的智慧医院。

现代医院的信息化管理彻底颠覆了传统医院的运营模式和患者的就医模式，是现代医院必不可少的重要管理手段。医院建设应充分利用信息化手段，如大数据、物联网、人工智能等，深度融入诊疗和全生命周期健康管理过程，实现医院运行的无纸化、无线化、无币化，优化服务流程，让患者少跑路、多办事。医院信息化建设可以分阶段进行，对未来的发展部分进行布线预留，为以后的可持续发展留有余地。

医院还可以通过互联网开展远程医疗服务，如建立云诊室、远程会诊中心等，开展在线咨询、视频复诊、电子处方、医保结算等线上服务，方便患者线上就医（图1-11）。

a）远程医疗　　　　　　b）空间布置

图1-11　互联网远程医疗服务

1.2.7 医疗空间的可持续性

1. 弹性空间设计

在进行医院建设时，一定要把紧急应对功能充分考虑进去，包括急救绿色通道、救治流程、救治空间都要有系统的规划设计，在医院场地的外部留有足够的空间和预留发展用地，这样一旦发生紧急情况，还有余地展开各类救治，满足应急保障需要，最大限度地抢救生命。

医院内部功能空间在设计时要预留多个护理单元，保证医院的可持续发展。应结合未来发展方向，为大型医疗设备引进和新型医疗学科设置预留发展空间，在科室内部预留备用空间，尤其是设备空间一定做好规划和预留，如CT、DSA等机房空间的预留，保证后期医疗空间的发展。

总之，医院建设时要考虑空间的可持续发展，通过多举措的弹性空间设计，打造一个韧性医院。

2. 平急结合设计

在建设规划上设置公共卫生中心，将院前抢救、发热门诊、传染门诊、传染病房、疾控中心等功能进行有效融合，平时相互独立，各自运营，应急时发热门诊单独隔离，与院前抢救、传染病房等科室联动，不影响医院其他科室的正常运转。做好用地、空间、功能的预留，在发生突发公共卫生事件时能够快速实现功能转换，具备相应的医疗救治能力。

遵循"区域协同""分级响应"原则，建设规模结合区域医疗卫生体系和医院救治能力统筹规划。做好空间的弹性转换，如将护理单元的活动室设置在公共区域，方便进行平急弹性转换，平时为活动空间，发生突发公共卫生事件时可作为治疗区或者探视区。如图1-12所示，护理单元的活动室位于两个护理单元的中间，平时可以作为患者活动空间使用，急时可以作为探视或者其他空间使用。

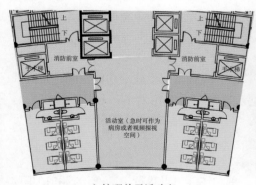

a）护理单元活动室　　　　　　　　b）急时可用作探视空间

图1-12　平急结合设计

1.3 医院功能空间组成

医院功能复杂，故采用格伦教授提出的医院建筑分级系统，对院区建筑功能空间进行系统划分，对医院功能模块进行有序、有效的梳理。根据《综合医院建设标准》等规范要求，对医院的建筑功能进行系统分析，将综合医院分为七大空间类型，包括医疗空间、健康管理空间、后勤保障空间、行政管理空间、教学科研空间、院内生活空间、交通与商服空间。其中医疗空间是空间组成的核心部分，由门诊空间、急诊空间、医技空间、住院空间、公卫中心五个功能空间组成。将医院功能进行分类、分层次划分，保证功能空间的不漏项、不缺项，使医院的空间具有系统性和秩序性。

1.3.1 医疗空间

医院的主要功能空间是面向患者进行诊断、检查、治疗、住院康复的空间，包括门诊空间、急诊空间、医技空间、住院空间、公卫中心五个部分。

1. 门诊空间

门诊空间是医疗建筑中负责诊断的功能空间，包括各门诊科室（内、外、儿、妇、五官、口腔、皮肤、中医等）的诊室、治疗室、检查室等，也包括挂号、收费、结账、药房、卫生间、门诊大厅等公共空间和超市、咖啡厅、花店、餐厅等商业服务空间，具体见第3章。

2. 急诊空间

急诊空间是对各个临床专业的急性病或慢性病急性发作的患者进行诊断、评估及治疗，对急性中毒患者进行救治、复苏，对创伤、灾难进行紧急医疗救援的功能空间，包括脑卒中中心、胸痛中心、创伤中心、新生儿中心、高危孕产妇中心等。现代急诊医学科已发展为急诊、急救、重症监护三位一体的大型急救医疗中心和急诊医学科学研究中心，可以对急、危、重患者实行一站式无中转急救医疗服务，具体见第4章。

3. 医技空间

医技空间是医院内集中进行各种主要诊断、设置治疗设施的功能空间，是现代医院中非常重要的一个组成部分，医技空间功能繁多，结构复杂，包括影像中心、手术中心、检验中心、功能检查、核医学等科室以及相关的办公辅助用房，具体见第5章。

4. 住院空间

住院空间是指医院中的临床护理科室，是对住院患者进行诊断、治疗和护理的功能空间。住院空间由各科护理单元、住院处及住院药房组成。护理单元是组成住院部的基本护理单位，包括内科、外科、五官科、皮肤科、中医科、儿科、妇科、产科、烧伤科等，具体见第6章。

5. 公卫中心

公卫中心包括感染门诊、肠道门诊、发热门诊、感染科病房等功能分区（表1-3）。

公卫中心的平面布局应当划分出清洁区、潜在污染区和污染区，并设置醒目标识。三区相互无交叉，患者活动应当限制在污染区，医护人员一般的工作活动宜限制在清洁区和潜在污染区，潜在污染区位于清洁区与污染区之间。合理设置清洁通道，设置患者专用出入口和医护人员专用通道，合理组织清洁物品和污染物品的传送流线，有效预防院内交叉感染。各出入口、通道应当设有醒目标识，避免误入。

表1-3　公卫中心功能分区

功能分区	空间配置
感染门诊	包括污染区、潜在污染区、清洁区。污染区包括预检分诊区、挂号/收费区、药房、诊室、留观室、治疗室、处置室、卫生间等；潜在污染区包括污染用品脱卸缓冲区、防护用品穿着缓冲区等；清洁区包括医生办公室、男更衣淋浴室、女更衣淋浴室、卫生间、库房等
肠道门诊	包括污染区、潜在污染区、清洁区。污染区包括预检分诊区、挂号/收费区、药房、诊室、留观室、治疗室、处置室、检验室、卫生间等；潜在污染区包括污染用品脱卸缓冲区、防护用品穿着缓冲区等；清洁区包括医生办公室、男更衣淋浴室、女更衣淋浴室、卫生间、库房等
发热门诊	包括污染区、潜在污染区、清洁区。污染区包括预检分诊区、挂号/收费区、药房、诊室、留观室、治疗室、处置室、CT室、检验室、DR室、B超室、标本采集室、卫生间等；潜在污染区包括污染用品脱卸缓冲区、防护用品穿着缓冲区等；清洁区包括医生办公室、男更衣淋浴室、女更衣淋浴室、卫生间、库房等
感染科病房	包括污染区、潜在污染区、清洁区。污染区包括单人间、双人间、三人间、活动室、公共卫生间、晾晒间、污洗室、垃圾存放处、配餐间、污染区患者通道等；潜在污染区包括护士站、治疗室、处置室、被服库、库房、缓冲间等。清洁区包括女卫生通过、男卫生通过、主任办公室、医生办公室、示教室、休息就餐室、值班室、卫生间、库房等

1.3.2　健康管理空间

健康管理空间包括公共区、健康管理区、公共检查区、男宾检查区、女宾检查区、VIP检查区、医护辅助区等功能分区（表1-4）。

表1-4　健康管理空间功能分区

功能分区	空间配置	备注
公共区	包括大厅、洽谈室、咨询室、就餐区、更衣室、卫生间等	
健康管理区	包括信息采集室、咨询指导室、健康干预室、宣教室等	
公共检查区	包括公共检查、内科、外科、耳鼻喉科、口腔科、血液采集区、体液采集区、脑电图室、骨密度测定室、C14检查、DR、CT、MRI等空间	DR、CT、MRI可单独设置在体检中心，如果不能单独设置，可与影像中心共享
男宾检查区	包括心电图室、超声检查室、诊室等空间	
女宾检查区	包括妇科检查室、盆底肌检查室、心电图室、超声检查室、钼靶检查室等空间	

功能分区	空间配置	备注
VIP 检查区	包括等候区、内科、外科、超声检查室、心电图室、更衣间、餐厅、卫生间等	
医护辅助区	包括医生办公室、主任办公室、库房、更衣室、卫生间等	

1.3.3　后勤保障空间

后勤保障空间主要包括职工餐厅、营养厨房、洗衣房（被服站）、锅炉房、太平间、制氧站、安保监控中心/警务室、设备用房、库房、垃圾处理站、外包服务用房等功能空间（表1-5）。后勤保障空间一般都是就近选址与组织。餐饮空间应自成一区，宜邻近病房并与之有便捷通道，有连廊或地下通道与各病房楼相通。机电设备用房一般在动力中心或主楼的地下室。太平间应设于隐蔽处，与其他功能区域相隔离，宜单独设置通向院外的通道，避免与主要人流出入医院的路线交叉。

表1-5　后勤保障空间功能组成

功能分区	备注
职工餐厅	职工食堂、职工厨房
营养厨房	患者、家属食堂
洗衣房（被服站）	洗衣房可以自己洗涤；也可以功能外包，只设置收发、存储功能
锅炉房	
太平间	
制氧站	
安保监控中心／警务室	
设备用房	空调机房、设备机房、水泵房、消防水池（以实际情况为准）
库房	
垃圾处理站	医疗垃圾房（污水收集需设预处理系统）和生活垃圾处置用房
外包服务用房	

1.3.4　行政管理空间

行政管理空间主要包括院长办公室、外联办公室、党委办公室、纪检监察室、宣传科、工会、人事科、应急办、安保部、投诉接待办、质控办、医务科、病案科、档案中心、护理部、教务科、科研科、感染与疾病预防控制科、医保科、财务科、审计科、总务科、器械科、基建科、车管部、会议报告厅、信息中心等功能空间。

1.3.5　教学科研空间

教学与科研是医院的主要任务之一，配置适度规模的科研、教学用房非常必要，科研、教学工作的开展有利于推动医院业务技术的发展。科教用房应根据医院的总体战略和定位确定实验类、教学类用房的类型和数量。

教学科研空间是医院的独立部分，主要是结合医疗部分进行医疗技术方面的研究。在医院规划中，它应当是独立的一个空间组团，但大多数医院将其结合在部门内部解决，以便研究和实践结合进行，部分大学附属医院建有单独的科教楼或科研楼。

教学科研空间主要包括中心实验室、专科实验室、GCP、技能培训中心、教室、图书馆、电子阅览室等空间。

1.3.6　院内生活空间

院内生活空间是为职工、进修的学生提供基本生活保障的功能空间，主要包括供学生及进修培训人员使用的宿舍、专家公寓、职工活动室等空间。

1.3.7　交通与商服空间

交通与商服空间主要包括医院街、停车场、院内商服空间等。医院街等交通空间承担通行、等候、健康宣传、休闲服务等功能，考虑文化植入，根据人流量确定大小。地下停车场按照医院的停车需求及规划要求进行合理设计。商服系统可设置风味餐厅、健康书吧、面包房、鲜花礼品、超市、理发、银行等。

1.4　医疗空间设计内容

1.4.1　空间设计

1. 空间属性

人具有社会性的属性，同时也有自身的个性。对应到建筑空间中，就是既需要公共性空间，也需要私密性空间。这种私密性具有单独、亲密、保守等特点，与公共性是相对的。大部分场所同时具备公共性和私密性，只是比重不同而已。例如在门诊大厅中，公共性占的比重比较大，而随着人流的逐级分流，空间公共性逐渐减弱，私密性逐级增强，患者分散到不同门诊科室的候诊空间中，最后患者进入诊室，诊室空间的私密性是最高的（图1-13、图1-14）。

空间的公共性和私密性也是相对的，在不同的时间、地点、场合条件下，它的含义是不同的，或者说是变化的。晚上的私密性要求就要比白天高，如患者晚上睡眠休息时需要熄灯关门，而在白天私密性相对而言就会减弱。一些特殊的房间私密性要求也很高，如抢救室、隔离病房等，都需要严格控制接近人员。现在病房形制由多床房间向少床房间发展，一方面能减少交叉感染的机会，另一方面是因为少床病房更具有私密性，外界干扰较少，患者更有被尊重感。

在设计医疗空间时要处理好空间属性，使场所氛围更适合使用人群的需求。

图1-13　公共性空间　　　　　　　　图1-14　私密性空间

2. 空间的领域性

空间的领域性是指个人或群体为满足某种需要，拥有或占用一个场所或一个区域，并对其加以人格化和防卫的行为模式，该场所或区域是拥有或占用它的个人或群体的领域。领域性是空间的属性之一，心理学家认为，领域不仅提供相对的安全感，还表明了占有者的身份与对所占领域的权力象征。它可以是建筑空间的一部分，如一个座位、房间一角，也可以包括若干建筑物，如一幢建筑、一组建筑等，甚至是一个空间系统，乃至更为广阔的、可以感觉到的空间范围。领域可以分为主要领域、次要领域和公共领域三种。

主要领域是使用者使用时间最多、控制感最强的场所，主要领域为个人或群体独占和专用，具有使用上的独立性。如各科护理单元在布置时不应受其他科室的干扰和穿套，保持独立尽端，公共交通部分应设在护理单元大门之外，具有强烈的领域感。

次要领域对使用者而言不如主要领域那么重要，不归使用者专门占有，使用者对其控制也没有那么强，属半公共性质，是主要领域和公共领域之间的桥梁，如在两个护理单元的连接部位设置的活动室或探视空间，可以将其作为两个护理单元共同使用的空间，满足不同病区的使用需求，具有一定的灵活性（图1-15）。

图1-15　活动室次要领域空间　　　　图1-16　住院大厅公共领域空间

公共领域是指可供任何人暂时和短期使用的场所，这些领域对使用者不是很重要，也不像主要领域和次要领域那样令使用者产生占有感和控制感，如医院的门诊大厅、住院大厅、交通空间、商服空间等。公共领域具有流动性和开放性的特点，利于人流快速疏散（图1-16）。

领域层次分明的空间对创造积极、有效、安全的医疗室内空间具有重要的意义，将这些领域空间进行合理规划，可以形成空间属性明确、层次分明的空间序列。

3. 交流性空间

来自社会的支持对患者的治疗和康复是很重要的，因此在医院适当设置一定的交流性空间可以缓解患者的压力，促进患者之间的社会性交往，医患之间也能更好地交流。

（1）**设置交流空间**　在医疗空间中可以适当设置交流空间来推进各种交往行为的开展，营造出适合交往的领域，从而提升患者对医院的认同感和归属感。患者往往在候诊区等待的时间较长，可以通过营造积极的候诊环境加强交流，现在很多候诊环境是排椅布局，这样不利于交流，可以根据空间形态特点灵活设置座椅布置形式，营建自由轻松的候诊交往空间。

除了候诊空间外，还可以在其他适当位置打造交流空间，如端部空间、边角空间、凹入空间等，这些交流空间缓解了医疗空间给患者带来的焦虑情绪，能够缓解患者的就医压力。如图1-17所示的二次候诊空间，将候诊空间设计成局部凹入，座凳背景墙设置成原木色，营造出温馨舒适的候诊空间。如图1-18所示的交流空间，利用了室内窗户的角落空间，此处阳光明媚、视野开阔、景色优美，适合打造成积极的室内交流空间。

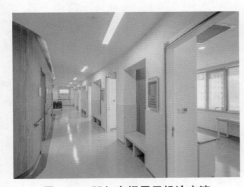

图1-17　凹入空间用于候诊交流

图1-18　边角空间交流

（2）**优化交流环境**　交流空间的尺度应具有一定的亲切感，相对具有安全感的空间便于人们的社会交往。交流空间最好有良好的采光和通风，空间中设置一些绿植、小品、艺术品等设施，改善交流空间的环境。如图1-19所示的医院交流空间，利用书架对空间进行分隔划分，营造亲切的空间尺度，打造具有一定私密性的交流空间。如图1-20所示的交流空间，利用柱子和家具对空间进行合理划分，摆放不同形式的座椅组合，如靠墙的沙发、组合桌椅等，墙体上设置有艺术造型，打造积极有趣的交流空间。

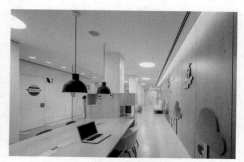

图1-19　家具划分的交流空间　　　　　　　　图1-20　积极有趣的交流空间

1.4.2　色彩设计

　　色彩不是一个抽象的概念，它和医院室内环境的材料、质地紧密地联系在一起。色彩具有很强的视觉冲击力，如在绿色的田野里，即使在很远的地方，也能很容易发现穿红色衣服的人。人类通过视觉所感知到的色彩、纹理、形状、大小等一系列信息中，色彩的识别度更高，人们对色彩的敏感力辨识度高达80%，具有很强的信号。人们在五彩缤纷的大厅里联欢时，会感到欢乐，若在游山玩水时碰巧遇上阴天，心情也会暗淡，人们对色彩的认知存在一定的主观性，色彩能够调节人的情绪，也能够影响人的心情。色彩对患者心理上产生的影响已成为医疗科学研究的一个重要组成部分，经研究，色彩在医疗空间环境中可以作为临床的辅助治疗手段，合理搭配色彩，对于患者的康复能起到积极的作用。适宜的环境色彩已经成为塑造高品质医疗环境的一个重要方面，合理的色彩搭配不仅能创造一个温馨舒适的医疗环境，利于患者康复，提高医护人员工作效率，还能使空间具有一定的识别性，提高患者就医效率。如图1-21所示的空间，卫生间的墙面上采用橘黄色的标识，从远处就能看到，使患者能够快速找到，同时橘黄色标识与对面的橘黄色座椅颜色一致，鲜艳的色彩与沉稳的背景色彩形成对比，显得空间既稳重又有一定的俏皮感，通过色彩的合理搭配打破了医疗空间的沉闷感。如图1-22所示的导诊台，背景墙采用湖蓝色，弧形顶棚采用天蓝色，地面

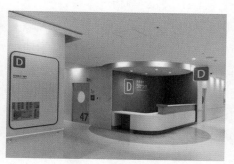

图1-21　标识色彩　　　　　　　　　　　图1-22　导诊台色彩

局部采用灰蓝色，通过色彩营造导诊台的领域感，与周边的空间进行了虚拟限定，且与标识、诊室门的颜色遥相呼应。蓝色在层次上有一定深浅变化，色彩的处理手法很高级，减轻了候诊区的沉闷感，让患者的候诊心态更积极。

1.4.3 材质设计

装饰材料是医疗空间室内设计需要考虑的一个重要因素，装饰材料不仅要能满足医疗空间的使用需求，改善医疗空间环境品质，还要起到绝热、防潮、防火、吸声、隔声等作用。不同的装饰材料会赋予医疗空间不同的视觉观感，因此选用恰当的装饰材料是关键且细致的一步。

1. 装饰材料考虑因素

医院装饰材料需要满足以下要求：

1）满足医疗使用及医疗安全要求。

2）满足消防安全防火要求。

3）满足院内感控要求。

4）满足医院环境安全要求。

5）满足医院噪声控制要求。

6）满足医院节能要求。

7）满足医院疗愈环境的要求。

8）满足医院装饰美观的要求。

9）满足保护建筑结构、延长建筑实用寿命的要求。

2. 医院不同功能空间对材料的要求

医院功能复杂，工艺繁杂，不同功能空间对于材料的要求也不尽相同。如大厅与病房由于需求不同，在材料选择上差异性较大（表1-6）。

不同的装饰材料营造出不同的装饰效果。如图1-23所示的影像中心等候空间，采用了磨砂玻璃、地毯、PVC地胶、木饰面板、抗菌乳胶漆等装饰材料，材料多样，色彩氛围统一，打造出宁静宜人的候诊环境。如图1-24所示的采血空间，地面采用不同花色的地砖拼贴，墙面采用墙砖装饰，与地面相呼应，采血座椅隔断采用磨砂玻璃，顶棚采用乳胶漆，营造出干净整洁的就医环境。

表1-6 医院不同功能空间对材料的要求

空间	要求	地面	墙面	顶棚
交通及公共空间	门诊大厅、急诊大厅、主街、电梯厅等人流量集中的功能区，应选用耐磨、防滑、易清洁材料，减少维修更换频次。各类患者等候功能区应考虑患者感受并结合院感防控要求，选用舒适、安全、易清洁材料	花岗岩片材、PVC卷材	花岗岩片材、大理石面板、防火板饰面、干挂树脂片、抗菌涂料	石膏板、硅酸钙板、矿棉板集成吊顶

空间	要求	地面	墙面	顶棚
医疗功能空间	应充分考虑感控安全、人员安全、易清洁、经济适用等因素。常规病房使用经济、环保的适宜材料；重症监护类病房应选用高洁净度、抗菌材料；射线防护、磁屏蔽环境应结合规范标准选用相应防护性材料手术室建议选用一体化洁净材料。检验室、病理室等医技类实验用房应选用耐腐蚀、易清洁、经济适用的材料	PVC卷材、橡胶地板	无机预涂墙板、烤漆不锈钢、电解钢板、抗菌涂料	镀锌钢板集成吊顶、石膏板、矿棉板集成综合吊顶、铝合金方板
科研功能空间	常规实验用房应选用易清洁、抗菌、耐腐蚀的材料；动物清洗、饲养区域应选用防水、易清洁、高耐耗材料	PVC卷材、防滑通体砖	涂料、防火板饰面、干挂树脂板、壁纸、通体砖	石膏板、硅酸钙板、矿棉板集成吊顶、铝合金方板
医护办公生活空间	应根据医护人员办公需求，选择符合要求的装修材料，宜选用抗菌、耐腐蚀材料	PVC卷材、橡胶地材	涂料、干挂树脂板、防火板饰面	石膏板、硅酸钙板、矿棉板集成吊顶

图1-23 等候空间

图1-24 采血空间

1.4.4 物理环境设计

1. 光环境

光环境分为自然采光和人工照明。自然采光不仅可以起到杀菌消毒的作用，而且温暖舒适的自然光还可以帮助患者舒缓情绪、愉悦身心，缩短患者的康复时间。据科学实验证明，患者在充满阳光的病房内的康复时间比在人工光源的病房里少1/6。患者渴望自然的阳光和新鲜的空气，在这种条件下更易于恢复。同样，对于医护人员来讲，自然光可以使其在工作期间保持精力充沛。因此在医疗空间的室内设计中，门诊、候诊、病房等主要空间都应有自然采光，充分引入自然光线，尽量避免黑房间（图1-25）。

医院要有良好的人工照明系统，明亮舒适的环境能够舒缓患者的不良情绪，为治疗带来积极的效果，也能缓解医护人员的疲劳并提高医护人员工作效率。因此，要充分考虑不同医疗场所的照明设计，在满足相关规范的基础上（表1-7），结合功能空间的形状、色彩等因素，做到照度合理、色温合适、无眩光产生，选用合理的灯具及布灯方式来营造环保、节能、高效、舒适的照明环境（图1-26）。

表1-7 医院不同场所的照明标准

房间或场所	参考平面及其高度	照度标准值 /lx	眩光值 UGR	显色指数 Ra
治疗室	水平面，0.75m	300	19	80
化验室	水平面，0.75m	500	19	80
手术室	水平面，0.75m	750	19	90
诊室	水平面，0.75m	300	19	80
候诊厅、挂号厅	水平面，0.75m	200	22	80
病房	地面	100	19	80
护士站	水平面，0.75m	300	—	80
药房	水平面，0.75m	50	19	80
重症监护室	水平面，0.75m	300	19	90

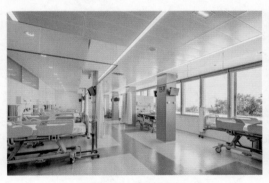

图1-25　自然采光

图1-26　人工照明

2. 声环境

医院科室和部门众多，流线繁杂，人员流动大，随着医院的建设规模越来越大，科室面积增加，室内空间的噪声问题也越发突出，尤其是门诊和病房的噪声。医院的室内噪声主要来自于说话声、走动声、电子叫号声、手机铃声、设备运行声、电梯运行声等，外部噪声主要来自于交通噪声、工地施工声、生活噪声等。而这些噪声给患者和医护人员带来很多危害，研究表明，噪声超过45dB（分贝）时就会对人的睡眠造成影响，超过55dB时就会使人注意力不集中，加速疲劳；超过65dB时会影响人正常的语言信息交流和传递，还会使人的交感神经中枢感到紧张，造成心跳加速、心律不齐、血压升高等生理反应。比较明显可见的反应是患者出现烦躁、易怒的情绪，医护人员工作容易产生疲劳感、注意力分散、工作效率降低。

既然医院噪声能给患者和医护人员带来这么大的干扰，那么医疗空间设计应采取有效措施对医院进行噪声控制。可以在建筑布局上远离室外噪声源、布置隔声措施、室内采用吸声减噪的装饰材料、门窗等采用隔声好的构件、合理管理约束人们的行为、通过信息化手段控制候诊人数等措施降低医院的噪声，从而给患者和医护人员创造一个安静舒适的医疗空间的声环境。如图1-27所示的护理单元设备间，墙面和顶棚都采用多孔吸声材料，有效降低了声音对患者产生的干扰。有的医院会在门诊大厅设置钢琴，定期请专业人员进行演奏，利用优美流动的音乐声驱逐患者的烦躁，营造舒适的就医环境。

图1-27　吸音板

1.4.5　标识系统设计

标识系统是指综合使用图形符号、色彩、文字、材料工艺等造型元素，经过系统、和谐的信息处理，形成传达方向、位置、安全等信息的，帮助人们从此处到彼处的媒介系统。科学有效的标识系统可以通过文字、图形准确做出导向指示，强化空间区域，帮助人们确立方向感，使人们迅速、准确、方便、安全地到达目的地，完成预定的各种活动。

在医疗空间环境设计中，患者的行为需求是不尽相同的。医院建筑功能复杂，科室繁多，对于本身就很焦虑的就医患者而言，良好的标识系统对于寻找和定位功能空间具有重要意义。良好的标识系统能够快速分流患者，节省就医时间，减少就医路程，提高就医效率。同时标识系统也是医院文化形象的具体体现，能够优化医院环境，使医院环境井然有序，提升医院人文价值。

由于医院各种人流繁多，科室分布复杂，为了患者和陪护人员能够从各种角度快速看到标识，医院的标识系统可以设置在地面、墙面、顶棚等位置（表1-8）。

表1-8　医院标识系统的位置及形式

位置及形式	作用	图示
地面导视	在容易迷失方向的重要空间节点，可在地面设置导视符号和线条，人们行走或驻足时容易看到，这种导视效率高，让人印象深刻	
墙面导视	将墙面作为导视信息的直接载体，可以是传统的导视标牌直接安在墙面上，也可以直接将文字、图案等信息以大于常规尺寸的规格置于墙面之上，形成以墙面为导视界面的大面积信息导视	

位置及形式	作用	图示
顶棚导视	顶棚是医院导视系统的主要载体，导视标牌等直接悬挂于顶棚下面，人们在较远处就能看到导视牌，快速分流找到要去的目的地	 
电子导视	电子导视是信息交互下的医院导视系统，通过新媒体、物联网等媒介，信息传递快捷高效，增加了患者与导视之间的交互体验	 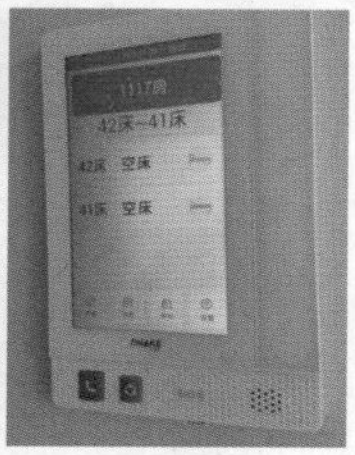

1.4.6 其他

1. 绿植

绿植是人类生产生活中接触较多的自然元素，研究表明，自然植物对人的心理和生理都有积极的疗愈作用，能够帮助患者调节情绪、缓解压力，帮助医护人员提升注意力和工作效率。同时植物还有净化空气、美化空间、引导空间等作用。因此在医疗空间中可以使用科学与艺术相结合的手法，将绿植与水体、小品等元素有效融合，营造优美疗愈的医疗空间。

医疗空间中可以使用的植物种类比较多，植物的类型主要有以下5种（表1-9）。

表1-9　医疗空间常见植物种类

分类	作用	图示
观叶植物	观叶植物主要是叶片的光泽和形状具有较好的观赏性，四季常青，通过自身的绿色造型调节室内空间的氛围，是医院最常用的一类植物	
观花植物	观花植物的亮点在于花朵的色彩和形状，它是室内空间的亮点和装饰，给人带来精神上的满足感	

分类	作用	图示
蕨类植物	蕨类植物的枝叶形态具有很强的造型效果，摆放灵活，可用于医疗空间的角落、台面等地方	
观果植物	观果植物具有较强的观赏价值，一般叶片、花朵和果实都具有很好的观赏性	
仙人掌类植物	仙人掌类植物具有由绒毛和刺组成的形态，有娇艳的花朵，花色丰富多彩，同时还具有净化空气的作用，一般可放置在医护人员办公室空间	

　　在设计医疗空间时应充分考虑将自然元素引入空间中，给人们提供一个舒适自然的空间环境，突显医院的特色，让患者有亲切感，也达到了疗愈的功能。景观绿植的品种不应单调，摆放形式不应过于拘束规整，可以采用盆栽、墙面绿化等多种绿植形式，花盆颜色应明亮活泼，也可以与水体、小品、休息设施、花池等结合在一起进行设计。如图1-28所示的地下医疗空间，局部设计了一个方形庭院，种植了挺拔的竹子，将光线、绿植等自然元素引入了地下空间，打破了地下空间的沉闷感，成为咖啡厅里一处美丽的景观，能够缓解患者的焦虑情绪。如图1-29所示的休息等候空间，将座椅与绿化结合在一起，整个空间将白色的墙体、绿色的植被与活泼的座椅设计有机融合，环境静谧安宁、舒适自然。

图1-28　地下医疗空间的绿色庭院

图1-29　等候空间的绿植布置

2. 家具

医疗家具需要与整个医院设计氛围一致，风格统一，同时与医院的功能属性相匹配，如中医院的家具应该选择与中医院风格相一致的形式，使整体风格保持一致。医疗家具应选用具有抗菌、防污、防潮等属性的材料，符合医院院感要求。医疗家具应符合人体工程学要求，如家具圆角、弧形扶手设计等，使家具用起来更加舒适，也避免出现磕碰等安全问题。选用绿色环保材料，低消耗、低污染、易于回收再利用。操作台与垃圾收纳一体化的设计如图1-30、图1-31所示，根据空间功能进行洁污分区，污染区位于空间的左侧，家具与垃圾收纳统一设计，丝网印刷标识用以区分不同的垃圾类型，洁区摆药区位于中部及右侧，整体设计风格统一，使用方便，符合院感要求。

图1-30　治疗室家具　　　　　图1-31　治疗室家具与垃圾收纳一体化设计

3. 陈设

这里所说的陈设主要是指艺术品陈设，如挂画、雕塑、工艺品等。在医疗空间中陈设艺术品可以改善空间氛围，提高患者的审美情趣，艺术品可以作为空间的标志和焦点调整室内空间的结构，丰富的色彩能够很好地点缀空间，缓解患者的焦虑情绪，由此可见艺术品在医疗空间的氛围营造中起到很重要的作用。国外医院对于陈列艺术品有着一些规定，如瑞典规定医院建设需要拿出1%～2%的投资用于艺术装修，荷兰规定应将医院建设投资的1.5%用来购置艺术品，通过艺术品营造轻松的艺术氛围，减轻患者的心理负担。现在我国的医院建设也越来越重视医院艺术氛围的营造，在医疗街、门诊大厅、公共走廊、休息区等空间都可以适当布置一些艺术品陈设，如各种风格的挂画、工艺品、雕塑等（表1-10），营造医疗空间的文化艺术氛围。

表 1-10　艺术品陈设种类

种类	作用	图示
挂画	挂画类型较多，如国画、油画、版画、摄影等，应根据空间特色选择合适的挂画类型。挂画题材尽量选择容易被大部分患者所接受和理解的题材，以自然为题材的艺术创作是最佳选择。自然界中的植物、动物、高山、大海等较易于理解，患者会感到亲切，容易产生共鸣	

种类	作用	图示
雕塑	医院的大厅、走廊等空间较大的区域可适当放置雕塑，提高空间的艺术氛围，表现独特的艺术风格	
工艺品	适用于医院室内空间的工艺品有陶艺、织锦、刺绣、印染、地毯、壁毯、金属工艺品等。将这些工艺品放置于医院的室内空间中，可以为空间增添文化气息和艺术氛围，使患心情平静，有利于患者康复	

第2章
医疗空间室内设计方法

2.1 医疗空间工艺设计方法

医疗空间工艺设计可以将医疗功能要求转译成空间设计需求，一般分为一级工艺流程、二级工艺流程和三级工艺流程，通过工艺流程的深入设计，保证医疗空间的功能性。

2.1.1 一级工艺流程

一级工艺流程是指衔接医院内各个医疗功能单元的设计环节，主要落实医疗建筑中单体、楼层和功能分区之间的逻辑关系；解决流程与动线的关系；将医疗、护理、感染控制等方面的功能需求进行整合；将门诊、急诊、医技、住院、后勤保障、生活设施等单元之间的关系，通过泡泡图或流程图的形式表现出来，再将各个医疗功能单元组合起来。一级工艺流程设计需要遵循国家相关设计规范和设计要求，遵循功能组团的逻辑关系，相近及相关科室需要临近布置，科室之间的人流、物流、信息流要规划清晰，洁污路线分开，医患流线分开，避免交叉混杂。

1. 出入口设置

（1）院区出入口 院区出入口的设置要考虑人流的主要来向、城市交通状况、院内分区位置等情况，合理疏导人流车流。对于大型综合医院而言，院区出入口根据使用需要可分为主要出入口、传染出入口、供应出入口、污物出入口四大类。其中主要出入口用以满足门诊患者、急诊患者、入院人员、探视人员和其他工作人员的使用需求，一般至少设置一个，可分为人行出入口和车行出入口。为满足院区感控要求，一般单独设置传染出入口。为满足院区物资供应需求，一般单独设置供应出入口，院内垃圾运出需设置污物出入口（表2-1）。

表2-1 医院院区出入口设置

	主要出入口	传染出入口	供应出入口	污物出口
服务对象	门诊患者、急诊患者；入院人员、探视人员和其他工作人员	传染病患者	医疗物资、生活洁净物资	医疗垃圾、生活垃圾；尸体
要求	位置明显的城市主要道路上	单独设置	次级道路	隐蔽位置
数量	至少一个	一个	一个	一个即可

（2）**建筑出入口**　建筑出入口根据使用功能可分为门诊出入口、急诊出入口、体检出入口、医技出入口、办公出入口、供应出入口、污物出口等。可根据医院规模增设独立的儿科门诊出入口、妇产科门诊出入口、感染门诊出入口。

2.功能科室

医疗建筑功能复杂，按照系统化原则将科室划分为医疗空间、健康管理空间、后勤保障空间、行政管理空间、教学科研空间、院内生活空间、交通与商服空间，其中医疗空间包括急诊空间、门诊空间、医技空间、住院空间、公共卫生中心五大空间（表2-2）。

表2-2　综合医院功能空间组成

医疗空间					健康管理空间	后勤保障空间	行政管理空间	教学科研空间	院内生活空间	交通与商服空间
急诊空间	门诊空间	医技空间	住院空间	公共卫生中心						
急诊大厅	门诊大厅	影像中心	住院大厅	发热门诊	体检大厅	职工餐厅	院长办公室	中心实验室	学生及进修培训人员宿舍	地下停车场
抢救区	门诊药房	超声检查室	各科护理单元	肠道门诊	公共检查区	营养厨房	各职能科室办公室	专科实验与研究室	专家公寓	地上停车场
急诊区	各科门诊诊室	内镜中心	各科监护病房（CCU、RICU、NICU）	感染科门诊	男宾检查区	洗衣房	病案科	GCP及伦理委员会	职工健身房及活动室	风味餐厅
EICU	各科室一次等候区	手术中心	感染科护理单元	女宾检查区	锅炉房	护理部	技能培训中心			咖啡厅
急诊手术室	各科室二次等候区	检验中心		VIP检查区	太平间	感染与疾病预防控制科	教室区			健康书吧
急诊医技区	辅助空间	血透中心		健康管理区	制氧站	医保科	图书馆			面包房
急诊病房		消毒供应中心		医护辅助区	安保监控中心	财务科	电子阅览室			鲜花礼品店
		药剂科		用餐区	设备用房	审计科				超市
		输血科			库房/搬运中心	总务科				理发店
		介入中心			垃圾处理站	器械科				银行
		病理科			外包服务用房	基建科				其他

(续)

医疗空间					健康管理空间	后勤保障空间	行政管理空间	教学科研空间	院内生活空间	交通与商服空间
急诊空间	门诊空间	医技空间	住院空间	公共卫生中心						
		放疗科				设备用房	车管部			
		核医学科					会议室			
		高压氧舱					信息中心			
		功能检查科								
		日间手术室								
		日间病房								
		重症监护室（ICU）								

　　规划科室空间时应注意各科室之间的联系，对于联系紧密的科室，可同层临近布置，使科室之间既相互独立，又有便捷的联系通道，路线和时间大大缩短。对于不能同层临近布置的科室，可在竖向上建立联系，一般可通过货梯建立竖向物资输送通道。手术室和消毒供应中心之间应建立直接联系通道，通过楼梯、电梯进行垂直交通联系。静脉配液中心应与各科护理单元、ICU 邻近，或竖向联系密切（图2-1～图2-3）。

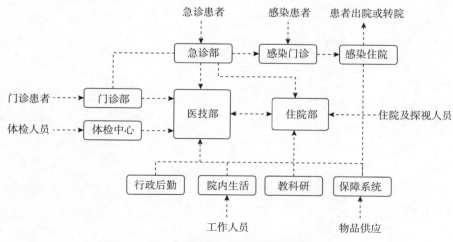

图2-1　医院各部门流程关系图

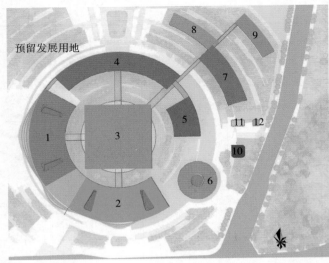

预留发展用地

图例
1. 门诊
2. 急诊
3. 医技
4. 住院
5. 行政
6. 感染
7. 康复诊疗
8. 科研教学
9. 院内生活
10. 垃圾转运
11. 液氧站
12. 污水处理

图2-2　平面布局示例

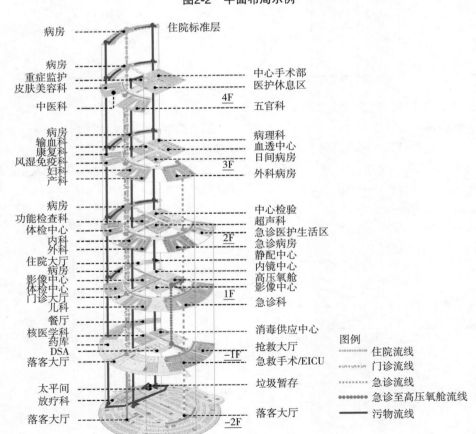

图例
—— 住院流线
—— 门诊流线
······ 急诊流线
●●●●● 急诊至高压氧舱流线
—— 污物流线

图2-3　竖向布局示例

2.1.2 二级工艺流程

二级工艺流程是指功能科室内部的空间设计，涉及科室内部功能布局、流线安排、房间设置等，如急诊部内部设计、手术中心内部设计等。二级工艺流程包括流程分析、设计要求、功能清单、房间设计等内容。下面以急诊空间为例，进行二级工艺流程说明。

1. 流程分析

急诊部流程关系如图2-4所示。

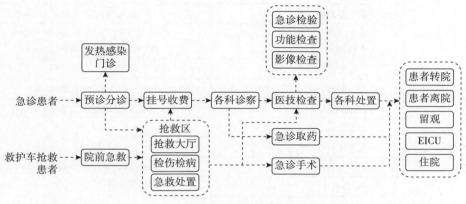

图2-4 急诊部流程关系

2. 设计要求

1）急诊部一般为昼夜值诊的独立部门，在夜间门诊关闭后，仍能及时收治患者。因此，急诊和急救可自成一个医疗体系，设立急诊和急救中心，有单独的出入口，出入口有明显的急诊标志，并有专用的挂号、取药室以及足够容纳担架推车和护送人员的候诊面积。主要出入口处（救护车通道）应设坡道以保证车辆行驶和人员进出方便，使危重患者由救护车直接运送至抢救室。抢救室配置供给氧气和负压吸引的设施、呼吸机等医疗设备。

2）设置院前急救，院前120是一个调度点，接受120指挥中心调度平台的出车调度。洗消通道在急诊大厅入口前设置（含危化品）。警务室需设置在急诊室旁边。

3）急诊急救功能区根据危重程度分为三个区：红区—危重患者，与手术室和EICU有便捷联系；黄区—留观患者；蓝区—急诊患者。

4）急诊区内设输液大厅，成人和儿童分开设置，此区域需要有自然的采光和良好的通风环境。

5）急诊急救公用的资源包括：公共服务区（挂号、取药等服务）、医技检查区。

6）急诊区应设医生专用通道。

3. 功能清单

急诊部包括急诊大厅、抢救区、急诊区、急诊手术区、急诊医技区、EICU、急诊病房等功能科室（表2-3）。

表2-3 急诊部房间功能清单

科室		房间	面积/m²	房间数	总面积/m²	功能说明
公共区	平急结合	筛查工作站	50	1	50	急诊、急救出入口前端设置
	急诊大厅	预检分诊/服务管理区	40	1	40	患者送检、标本转运、住院服务等
		急诊多功能厅（含自助区）	400	1	400	挂号/挂号值班室/建卡/收费/等候区/智能设备
		平车、轮椅停放区	40	1	40	自助式存取+备用平车
		急诊药房	200	1	200	含药房值班室，单独设置
		商业服务区				结合大厅设置
	卫生间模块	男卫生间	24	1	24	模块有灵活性（如母婴室可根据需要增加或减少）
		女卫生间	24	1	24	
		第三卫生间	8	1	8	
		母婴室	12	1	12	
		饮水点	2	1	2	
		清洁间	8	1	8	
急救区	急救区	急救大厅	100	1	100	可以是灰空间，从急救车停泊处直接运送患者到抢救大厅
		谈话间	12	1	12	
		家属等候室	100	1	100	
		抢救大厅	150	1	150	与手术室、影像科和EICU临近，配置20张病床
		醒酒室（墙壁软包）	24	1	24	
		五大中心抢救复苏室	24	7	168	独立房间，床旁设置DR一台（固定于复苏单元床上）
		隔离抢救室	24	2	48	每间1床，含前室，独立设置于抢救红区
		治疗室	24	1	24	
		处置室	24	1	24	
		清创室	24	1	24	
		石膏室	24	1	24	
		换药室	24	1	24	
		器械准备间（设备间）	24	1	24	含刷手

科室	房间		面积/ m²	房间数	总面积/ m²	功能说明
急救区	抢救区	卫生用品库（库房）	12	2	24	
		医护工作站	80	1	80	
	污染区	污物存放间	12	1	12	
		污物清洗间	12	1	12	
		清洁员休息室	6	1	6	
急诊区	诊室	洗消通道				危化品、辐射洗消，放在急诊入口外
		外科诊室	12	2	24	包括动物致伤诊室
		内科诊室	12	2	24	
		妇科诊室	12	1	12	
		儿科诊室	12	1	12	
		眼科诊室	12	1	12	
		耳鼻喉科诊室	12	1	12	
		脑卒中心	12	1	12	
		胸痛中心	12	1	12	
		创伤中心	12	1	12	
		新生儿中心	12	1	12	
		高危产妇中心	12	1	12	
		专家诊室/VIP诊室	12	1	12	
	治疗区	急诊留观	100	1	100	卧床输液，设20张病床
		护士站	20	1	20	
		输液大厅	120	1	120	40张输液椅
		注射室	12	1	12	含疫苗注射
		处置室	24	1	24	
		清创室	24	2	48	与外科诊室相邻设置
		治疗室	15	1	15	
		洗胃室	30	1	30	与黄区、红区相邻
		动物致伤洗消室 （伤口处置区）	15	1	15	根据各地卫生健康委员会下发的文件要求进行设置
		动物致伤清创室	15	1	15	与普通清创室要分开
		换药室	20	1	20	作为专科治疗区，昼夜开放
	医辅区	医生办公室	24	1	24	
		示教室	48	1	48	兼作就餐区，各个区域分开
		会议室	48	1	48	兼作MDT会诊室、灾害指挥室，配有多媒体、远程信息系统

科室		房间	面积 /m²	房间数	总面积 /m²	功能说明
急诊区	医辅区	男更衣、淋浴室	12	1	12	
		女更衣、淋浴室	12	1	12	
		男值班室	24	1	24	一个房间 4 张上下铺
		女值班室	24	1	24	一个房间 4 张上下铺
		住院总值班室（带卫生间）	24	1	24	与病区共用
		男卫生间	8	1	8	
		女卫生间	8	1	8	
EICU	监护区	监护病床大厅	150	1	150	含 10 张床，面积按标准设置；根据标准，开放式监护病床每床使用面积不小于 15m²
		双人间监护病房	30	3	90	
		单人间监护病房	20	3	60	
		负压隔离病房	20	1	20	设计理念为可变的 EICU
		护士监护站	36	1	36	
		患者卫生间	8	1	8	
		治疗室	24	1	24	
		处置室	12	1	12	
	辅助区	器材设备间	30	1	30	
		多功能办公室	20	1	20	
		内镜洗消间	12	1	12	需要
		无菌库	12	1	12	无菌物品存放
		卫生通过（男女）	36	1	36	
	公共区	谈话间	12	1	12	
		VR 探视区	12	2	24	
		家属更衣区	6	1	6	
	污染区	入口缓冲间				
		污物存放间	5	2	10	
		污洗室	18	1	18	
		污物通道				
急诊手术区	手术清洁区	万级手术室	30	1	30	按标准设置。根据急诊科建设规范，二级甲等以上综合性医院急诊手术室面积应不小于 30m²，配置手术准备室；急诊手术室应与抢救室相邻
		导管手术室（根据每个医院情况灵活设置）	96	1	96	含控制间 24m²，设备间 12m²

科室		房间	面积/m²	房间数	总面积/m²	功能说明
急诊手术区	洁净辅助区	换床区	18	1	18	面积建议稍小
		术前准备室	24	1	24	
		无菌库房	24	1	24	
		刷手间	8	1	8	
		卫生通过（男、女）	24	1	24	
		卫生用品库	12	1	12	
		男值班室	12	1	12	
		女值班室	12	1	12	
		器材设备间	24	1	24	
		洁净走廊				
	污染区	污物存放	12	1	12	
		污洗室	12	1	12	
		标本病理室	8	1	8	
		气瓶间	8	1	8	
		污物通道				
	公共区	谈话间	12	1	12	
		家属等候	24	1	24	
		患者更衣	12	1	12	
急诊医技区	医技检查区	急诊检验	100	1	100	含公共卫生应急独立检测区
		DR	45	1	45	含控制室
		超声室	24	1	24	
		心电图室	24	1	24	
		CT室	93	1	93	含控制室24m²，更衣室9m²
	医辅区	男更衣、淋浴室	12	1	12	与急诊手术共用
		女更衣、淋浴室	12	1	12	
		男值班室	12	1	12	
		女值班室	12	1	12	
总面积/m²			3769（不含公共交通面积）			

注：表格内数据仅作参考。

急诊的布局、分区以及流线如图2-5所示。

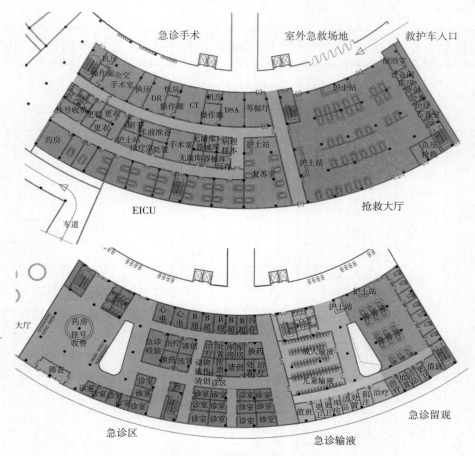

图2-5　急诊空间布局分析

2.1.3　三级工艺流程

三级工艺流程是指在二级工艺流程梳理完成后，针对具体房间进行的设计，包括对房间内部布置、装修、家具、设备、水电等点位等进行深入设计，保障家具设备等能够有效耦合，避免后期出现拆改等现象，或由于缺少三级工艺设计，导致缺失设备及家具点位不能进行拆改，影响医院使用。下面以急诊诊室、三人间病房、负压病房为例进行三级工艺流程说明。

1. 急诊诊室

（1）工艺说明　急诊诊室是进行急诊问询、检查并完成记录的场所，一般采用一医一患模式。根据医疗行为特点，考虑检查床外置。急诊入口预留一定的活动空间，保证患者进出方便以及便于医生观察下一位病患的情况。诊桌宜放置 T 型桌，用于摆放打印机、观片灯、扫码器、简单检查耗材等物品。房间内设置吊帘保证患者隐私。建议净面积不小于11m²。

（2）工艺布局图及条件要求　急诊诊室的工艺布局及条件要求主要包括详细的房间工艺布局图（家具、设备、设施、专业点位等）、建筑空间要求、设备清单以及机电要求（图2-6、表2-4～表2-6）。

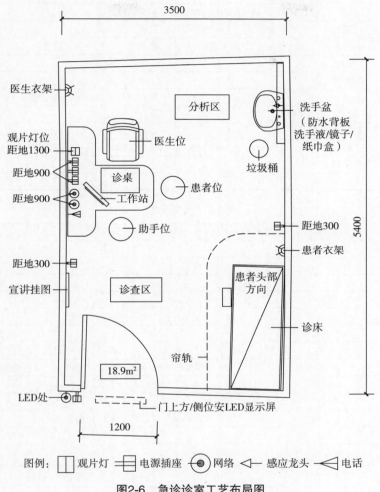

图例：▯观片灯　≡电源插座　◉网络　◁感应龙头　◁电话

图2-6　急诊诊室工艺布局图

表2-4　建筑空间要求

内容	规格
净尺寸	开间 × 进深：3500×5400
	面积 18.9m²；高度不小于 2.6m
装修	墙面、地面材料应便于清扫、擦洗，不污染环境
	屋顶应采用吸声材料
门窗	门应设置非通视窗采光，门宽 1.2m
安全隐私	需设置吊帘保护患者隐私

表2-5　设备清单

名称		数量	规格	备注
家具	诊桌	1	700×1400	圆角T形桌
	诊床	1	1850×700	宜安装一次性床垫卷筒纸
	脚凳	1	400×280×120	不锈钢脚踏凳
	垃圾桶	1	300	直径
	诊椅	1	526×526	带靠背、可升降、可移动
	衣架	2		
	帘轨	1	1800	L型
	洗手盆	1	500×450×800	宜安装防水板、纸巾盒、镜子、洗手液
	圆凳	1	380	直径
	助手凳	1	380	直径
设备	工作站	1	600×500×950	包括显示器、主机、打印机
	显示屏	1		
	观灯片	1		

表2-6　机电要求

内容	名称	数量	规格	备注
医疗气体	氧气（O）			
	负压（V）			
	正压（A）			
弱电	网络接口	2	RJ45	
	电话接口	1	RJ11	或综合布线
	电视接口			
	呼叫接口			可适当预留供医生使用的呼叫装置
强电	照明		照度300lx，色温3300～5300K，显色指数不低于85	
	电插座	6	220V，50Hz	五孔
	接地			
给水排水	上下水	1	安装混水器	提供恒温热水
	地漏			
暖通	湿度（%）		30～60	
	温度（℃）		18～26	优先采用自然通风
	净化			

2. 三人间病房

（1）工艺说明　病房内均设置独立的卫浴区，要求无障碍设计，洗浴盥洗间干湿分离。基本的配套家具应包括壁橱（储物和悬挂衣物）、床头柜、陪床椅。吊顶净高宜为2.6～3.0 m。

（2）工艺布局图及条件要求　三人间病房的工艺布局及条件要求主要包括详细的房间工艺布局图（家具、设备、设施、专业点位等）、建筑空间要求、设备清单以及机电要求（图2-7、表2-7～表2-9）。

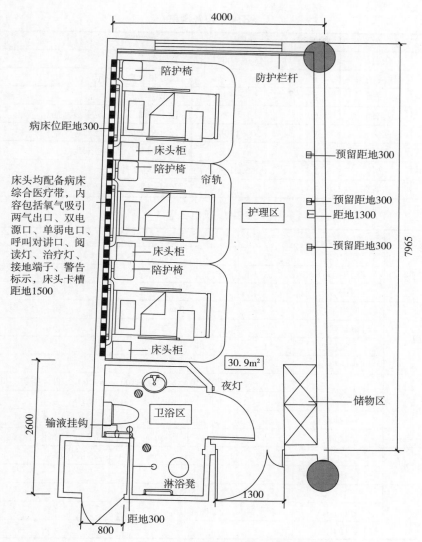

图2-7 三人间病房工艺布局图

表2-7 建筑空间要求

内容	规格
净尺寸	开间 × 进深: 4000×7965
	面积 30.9m²; 高度不小于 2.8m
装修	墙面、地面材料应便于清扫、擦洗, 不污染环境
门窗	门应设置非通视窗采光, 门宽 1.3m
安全隐私	需设置吊帘保护患者隐私

表2-8 设备清单

名称		数量	规格	备注
家具	床头柜	3	450×600	宜圆角
	输液吊轨	3		尺寸根据床位来定
	帘轨	3		U型
	卫浴用品	1		镜子、纸巾盒、洗手液
	陪床椅	3	600×1800	尺寸根据床位来定
设备	电视	1		尺寸根据产品型号来定
	病床	3	900×2100	J-007电动升降
	医疗带	3		尺寸根据产品型号来定

表2-9 机电要求

内容	名称	数量	规格	备注
医疗气体	氧气（O）	3		
	负压（V）	3		
	正压（A）			
弱电	网络接口	3	RJ45	留一套备用
	电话接口			
	电视接口	1		
	呼叫接口	3		
强电	照明		照度300lx，色温3300～5300K，显色指数不低于85	
			夜间床头部位照度不宜大于0.1lx	
	电插座	9	220V，50Hz	五孔
	接地	3	小于1Ω	设在卫生间，连接医疗带
给水排水	上下水	3		淋浴热水
	地漏	2		
暖通	湿度（%）		40～45	
	温度（℃）		冬季21～22，夏季26～27	
	净化			

3.负压病房

（1）**工艺说明** 负压病房为采用空间分隔并配置通风系统控制气流流向，保证室内空气静压低于周边区域空气静压的病房。负压病房有严格的功能分区，按功能要求设置3个区域：清洁区、潜在污染区、污染区，3个区域间通过调整送风、排风量形成压力梯度，确保污染区形成负压。各区既独立又连接，连接处设缓冲区，由隔离门进行隔离。

（2）**工艺布局图及条件要求** 负压病房的工艺布局及条件要求主要包括详细的房间工艺布局图（家具、设备、设施、专业点位等）、建筑空间要求、设备清单以及机电要求（图2-8、表2-10～表2-12）。

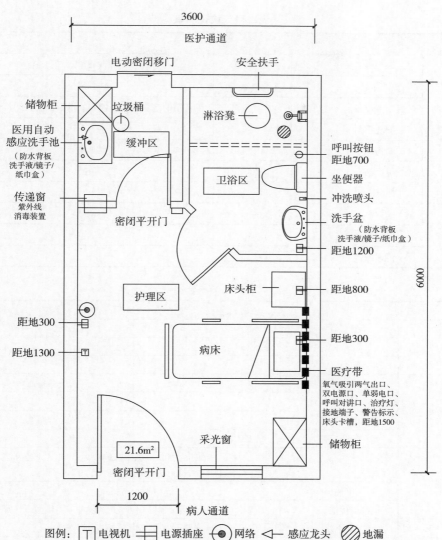

3600
医护通道

电动密闭移门   安全扶手

储物柜
垃圾桶
淋浴凳
医用自动
感应洗手池
（防水背板
洗手液/镜子/
纸巾盒）
缓冲区

呼叫按钮
距地700

卫浴区
坐便器

传递窗
紫外线
消毒装置
密闭平开门

冲洗喷头
洗手盆
（防水背板
洗手液/镜子/纸巾盒）
距地1200

护理区
床头柜
距地800

距地300
距地300

距地1300
病床
医疗带
氧气吸引两气出口、
双电源口、单弱电口、
呼叫对讲口、治疗灯、
接地端子、警告标示、
床头卡槽，距地1500

6000

21.6m²
采光窗
储物柜

密闭平开门

1200
病人通道

图例：⊤电视机 ▭电源插座 ◉网络 ◁感应龙头 ◍地漏

图2-8　负压病房工艺布局图

表2-10　建筑空间要求

内容	规格
净尺寸	开间 × 进深：3600 × 6000
	面积 21.6m²；高度不小于 2.8m
装修	墙面、地面材料应便于清扫、擦洗，不污染环境
	采用不起尘、不开裂、无反光、耐腐蚀内饰材料
门窗	门应设置非通视窗采光，门宽 1.2m
安全隐私	需设置吊帘保护患者隐私

表2-11　设备清单

名称		数量	规格	备注
家具	床头柜	1	450×600	宜圆角
	输液吊轨	1		U形
	卫厕浴设备	1		患者用的洗手盆、坐便器、淋浴器要有防滑设计
	医护洗手盆	1		
	储物柜	1	500×450	宜圆角
	垃圾桶	1	300	直径
	病床	1	900×2100	
设备	电视	1		
	医疗带	1		
	传递窗	1		

表2-12　机电要求

内容	名称	数量	规格	备注
医疗气体	氧气（O）	1		
	负压（V）	1		
	正压（A）			
弱电	网络接口	1	RJ45	留一套备用
	电话接口			
	电视接口	1		或综合布线
	呼叫接口	1		
强电	照明			照度100lx，色温3300~5300K，显色指数不低于80，床头灯照度不宜大于0.1lx
	电插座	4	220V，50Hz	五孔
	接地	2	小于1Ω	分别设置与卫生间、医疗带
给排水	上下水	3	安装混水器	提供恒温热水
	地漏	1		
暖通	湿度（%）		30~60	
	温度（℃）		20~27	
	净化			
通风及空调	1）病房送风至少应经过粗效、中效、亚高效三级过滤，排风应经过高效过滤 2）负压病房及其卫生间排风的高效空气过滤器宜安装在排风口部 3）负压病房宜设置微压差显示装置。与其相邻相通的缓冲间、缓冲间与医护走廊宜保持不小于5Pa的负压差，确有困难时应不小于2.5Pa 4）病房内卫生间不做更低负压要求，只设排风，保证病房向卫生间定向气流 5）每间病房及其卫生间的送风、排风管上应安装电动密闭阀，电动密闭阀宜设置在病房外			

2.2 医疗空间的技术设计

技术因素是医疗空间室内设计中非常重要的一项考虑因素，考虑的内容也非常繁多，如空间内的医疗设备与设施，尤其是大型设备需要考虑多方面的因素，包括与预留空间的关系、强电弱电的布局、与其他设备是否存在干扰、与相邻空间的要求、感控要求等。小型设施主要考虑其与空间布局的关系，如设在病房顶棚上的输液瓶滑轨、病房墙面上的治疗带等。

2.2.1 大型医疗设备技术要求

随着我国医疗水平的迅猛发展，大型医疗设备在医院的普及率越来越高，包括MRI、PET/CT、直线加速器等需要电磁屏蔽或辐射防护的医疗设备。由于这些设备本身构造精密，对机房设计有着复杂且特殊的技术要求，所以大型医疗设备机房布局和辐射防护工程设计的专业性较强。在设计医院环境时，设计师需要对这些医疗设备有一定的了解，才能进行有针对性的设计，既要满足设备使用空间功能需求，又要能针对不同辐射类型采取相应的屏蔽防护设计。下面以核医学科的PET/CT为例，说明大型医疗设备的技术要求。

PET/CT检查属于核医学科，所用设备为放射性核素诊断设备，PET/CT检查是核医学科的重要组成部分。PET/CT就是将PET（核医学）和CT（X射线）两套系统组合成完整的扫描显像系统，可同时获得PET功能代谢图像及CT解剖图像。PET扫描检测原理：将生物生命代谢中必需的物质，如葡萄糖、蛋白质、核酸、脂肪酸，标记上短寿命的放射性核素（18F、11C等），注入人体后，通过检测该物质在代谢中的聚集，来观察生命代谢活动的情况，从而达到诊断的目的。核医学科PET/CT检查空间的设计比较复杂，重点在于区域划分、医患流线和辐射防护等，具体设计要求如下。

1. 分区设计

核医学科按照接触放射性物质的程度分为控制区、监督区和非限制区（表2-13）。

表2-13　核医学科功能分区

分区	空间	空间组成
控制区	回旋加速器机房	回旋加速器室、设备间、操作间、热室、气体室、质量控制实验室、放射化学实验室、卫生通过、缓冲间
	核素治疗病房	单人间病房、双人间病房、治疗室、护士站、污物暂存间、开水间、防护用品库房、护理监控室、缓冲间、备餐间
	二次等候区	PET/CT 注射后等候区、PET/CT 患者 VIP 等候区、PET/MRI 注射后等候区、PET/MRI 患者 VIP 等候区、SPECT/CT 注射后等候区、SPECT/CT、运动负荷室、运动负荷兼抢救室、药物负荷室、ECT 注射后等候区
	其他空间	脱包间、储源室、分装室、肺通气药物吸入室、放射性固体废物暂存间、患者更衣室、缓冲间、洁具间、衰变池、卫生间

（续）

分区	空间	空间组成
监督区	SPECT、PET/CT检查区	PET/CT机房、SPECT机房、控制操作间、设备间
	放免室	离心分类室、放射免疫检测室、试剂标本储藏室、污物暂存间
	其他空间	甲功仪室、疤痕治疗室、放射人员专用男女卫生间、放射人员专用男女淋浴间、男女更衣室、药物传送电梯（与回旋加速器不同层时需设置）
非限制区	公共区	患者候诊区、登记取片处、影像病史采集室、问诊室、患者卫生间
	医护工作区	示教室、远程会诊、一次用品库房、医生办公室、主任办公室、技师办公室、阅片室、档案室、更衣间、卫生间
	病房工作区	接诊区、医生办公室、值班室

注：不同医院核医学科定位有所不同，具体设置应按照科室具体开展的业务需求确定。

2. 流线设计

流线按照患者流线、医护流线、核素流线、物品洁污流线进行分流设计。应按照医疗工艺流程细化内部流线，做到流线相互独立、互不交叉，避免不必要的流线迂回，保证就诊流线便捷（表2-14）。

表2-14　核医学科流线要求

类型	要求	流线内容
患者流线	由于PET/CT诊断前需要患者注射放射性药物，注射完药物的患者本身也成为放射源，所以要为注射后的患者设专门的候诊区。注射完药物的患者的活动区域属于监督区，要与非限制区用防护墙分隔开来，避免与未注射药物的患者或家属以及医护人员交叉混行。患者就诊路线应是单线流程，设单独出入口。应做到流线相互独立、互不交叉，避免不必要的流线迂回，保证就诊流线便捷	做检查的患者在非限制区进行登记、一次候诊和诊室诊查后，进入控制区注射室口服或者注射放射性药物，在监督区二次候诊室等候，符合检查要求后进行检查，检查结束后休息，同位素衰减到标准值后方可离开
		接受治疗的患者在非限制区进行登记，到控制区给药室口服或者注射放射性药物后，到核素治疗病房进行住院治疗。一次给药需要住院3~4天，一般需1~2个疗程，共需住院3~7天。在此期间患者应一直在控制区的核素病房，不可走出控制区

类型	要求	流线内容
医护流线	医患流线必须分开设置	医护人员到非限制区的更衣间更衣，通过监督区的医护走廊进入控制区的各个房间，在监督区入口设置射线检测装置
		进入控制区的医护人员应先经过缓冲区再进入控制区，缓冲区内设有各种射线检测设备，以防医护人员将在控制区内沾染的放射性药物带出，缓冲区旁设更衣换鞋区、淋浴室和卫生间
核素流线	核素流线需单独设置	应单独设置流线运送核素，以防发生泄露。核素的出入口应隐蔽，设置在人员活动较少的位置
物品洁污流线	应尽量分开设置	洁物需要单独的出入口，在条件不允许时，可利用患者流线，但需考虑将运送洁物的时间和患者就医密集的时间错开
		污物出口宜单独设置通道，避免与洁物共用。带有放射性的污物需要在污物暂存间内搁置一段时间，待衰变到正常水平后与普通污物共同处理

3. 空间需求

PET/CT系统一般有3个基本房间，包括扫描室（检查区）、控制室和设备间，具体空间要求如下。

1）房间一般为长方形，最小平面尺寸约为7600mm×5000mm，房间净高不低于3400mm，推荐净尺寸为7.5m×9.0m×3.6m（高），具体尺寸应根据设备厂家提供的数据确定（图2-9、图2-10）。

2）室内设置空调，全年保持室内温度在18～20℃，如有南向的外窗，应加遮阳窗帘，防止因太阳照射温度升高而对设备造成破坏，还应注意除湿和通风。

3）扫描室与控制室之间的观察窗应为防射线观察窗，如果这两个房间之间有门，应为射线防护门。

4）扫描室的门应为射线防护门，门上配有电离防护标识和警示灯。建议安装带报警装置的辐射监控探头，时刻检测辐射水平。

5）为了节省空间，设备一般斜向摆放，混凝土墙体厚度约为300mm，房间预留电缆沟与控制室和设备间相连，地面面层约300mm，地面采取后浇处理，待设备进入并用螺栓固定好后，再由施工单位浇注地面。

6）扫描室、控制室和设备间地面应降板600mm，以便于敷设各种设备管线。

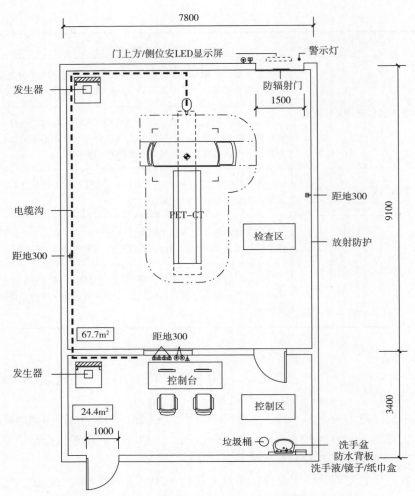

图2-9　PET/CT扫描室工艺布局图

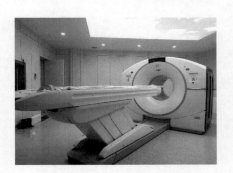

图2-10　PET/CT扫描室检查区

4. 辐射防护

医院核医学科的防辐射设计要严格按照《电离辐射防护与辐射源安全基本标准》（GB 18871—2002）的要求进行设计，工作场所的辐射水平不得高于$2.5\mu Gy/h$，公众区域的辐射水平不得高于$0.5\mu Gy/h$。在有电离辐射的房间进行定点检测，如检测结果高于标准值，则不符合防辐射设计标准，如检测结果低于标准值，则符合标准。

（1）**墙体防护处理** 墙体的辐射防护材料主要有铅、加钡混凝土、加硼砂混凝土、硅酸盐混凝土等。铅的防护性能好，但价格昂贵且较为柔软，不宜大面积使用，可在土建完成后仍无法达到防护要求时使用，也可以用在改建的建筑中。硅酸盐混凝土防护性能好，墙体做加厚处理，厚度由辐射量确定，200~600mm不等（辐射量大的房间，如回旋加速器室，非自屏蔽回旋加速器需用墙体进行屏蔽，墙体厚度可达数米），还可按需加入5%~10%的硼酸沙或硅酸盐。房间辐射量大时，应将墙体设置为迷路形式，使射线在折射的过程中逐次衰减，达到防护效果。

（2）**楼地面防护处理** 加厚混凝土处理，厚度一般在150~300mm之间，厚度由辐射量决定，还可按需加入5%~10%的硼酸沙。如果此房间位于建筑的最下层，地面可不做防护。地面上的管道沟需用铅板覆盖后再做面层处理。

（3）**门窗防护处理** 门应为有一定厚度的铅防护门或者石蜡门，窗框应选铅钢材质的，玻璃应使用铅玻璃，具体防护厚度由辐射强度确定。

（4）**管道防护处理** 各种管道需做"Z"形处理，减少射线通过管道向外辐射的可能，管道外需包铅板。设备机房及强放射性房间内不能有露明的管道，不能有上下水管道。

放射性污水管道不应直接连接到医院污水池，应先经过一个单独的污水池沉淀，连接专门的衰变池，经过衰变周期后方可排入医院统一的污水处理池。

（5）**放射性废物的管理** 实验用放射性污水应与患者生活污水分开。通常衰减池可用贮存法或者推流法。推流式衰减池即在池中设多条纵向隔墙，形成弯曲的水流通道。放射性污水以推流形式通过并不断衰变，至出口时即可达到排放标准。位于地下的核医学科，其放射性污水应通过污水泵提升到衰变池（一般情况下衰变池设置在室外地面下），为避免污水泵出现问题导致污水溢出泄露造成辐射，宜设置两台污水泵，采取两路电源供电。

（6）**密闭和通风** 强放射性房间往往会产生放射性气体，每个房间的排风空调系统宜单设送风机，如不能达到此要求，风管内应在每个房间处设置风门，一旦发生泄漏事件可单独封闭风门，将气体堵在一个房间内封闭处理。

（7）**辐射防护设备** 常用辐射防护设备包括各种防护服（铅衣、铅帽、铅围裙、铅围脖、铅眼镜、铅手套等）、剂量监测设备、注射放射性药物防护设备、废物桶等，与放射性药物接触的各个环节都需要做相关的防护（表2-15）。

表2-15　辐射防护设备表

设备名称	图片示意	尺寸	应用	备注
L型铅玻璃防护屏		380×365×600	进行放射性相关操作时使用，如分装药物	
PET废物桶		400×300	储存放射性污物	铅厚度：19mm
钨合金注射器防护套		φ31×72	注射放射性药物	采用钨合金和含铅玻璃制成，能防护手部辐射，铅厚度：9mm
转移用铅罐			转移放射性药物	带中心孔，可直接通过小孔取药，铅厚度：40mm
辐射剂量检测系统			可测量γ射线场地的辐射剂量率值	超过规定阈值，自动报警
个人测量仪		78×67×22	可测量x射线、γ射线	液晶显示，发声报警

2.2.2　物流系统技术要求

1. 医院物流分类

医院内部功能复杂，流线繁多，患者、家属、医护、陪护人员等人流众多，各类药品、检验标本、器械敷料、患者被服、医疗垃圾等各类物流运送量大且种类复杂。据不完全统计，一所综合医院大致有45～50项不同种类的物流（图2-11），人流、物流、车流交织，如果设计不当，就会出现洁污流线交叉、物流运送效率低下等问题。

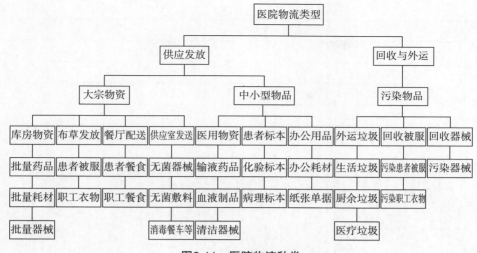

图2-11 医院物流种类

2. 常见物流种类

为了提升医院的运输效率、降低运输差错率、避免人流与物流交叉，越来越多的医院开始使用现代化物流系统。物流传输系统是指借助信息技术、光电技术、机械传动装置等一系列技术和设施，在设定的区域内运输物品的传输系统。

（1）气动物流传输系统　气动物流传输系统是以压缩空气为动力，以传输瓶为载体，在管网内实现各工作站间物品的智能双向点对点快速安全传递，由空气压缩机、管道、换向器、工作站点、传输瓶等组成，主要用于传输体积小、重量轻的医用物品，比如化验标本、处方药品、清洁敷料、小型手术器械、血样、医用消耗品等。

气动物流传输系统具有造价低、速度快、噪声小、运输距离长、方便清洁、使用频率高、占用空间小、普及率高等特点。

气动物流传输系统适合小型物品、急诊用品的快速传送。医院即便安装了气动物流传输系统，大量的批量物品还是需要人工传送，电梯使用率依然较高，物品传送问题并未完全改善，也可以结合其他物流系统运送大批量物品。

气动物流传输系统由收发工作站、管道转换器室、风向切换器室、传输瓶室、物流管道、空气压缩机室、控制室等组成（表2-16、图2-12）。

表2-16　气动物流传输系统

空间性质	空间组成	面积/m²	房间数	空间说明
工作间	收发工作站		N+8	N个护理单元＋住院药房、手术室、检验科、病理科、输血科、急诊急救、ICU、内镜中心
	管道转换器室		1	含3个区域转换器
	风向切换器室	20	1	含1个转换中心

空间性质	空间组成	面积/m²	房间数	空间说明
工作间	传输瓶室			存储86个传输瓶
	物流管道			
	空气压缩机室	10	1	含3台风机
	控制室	10	1	含1个监控中心

注：如有特殊或大型设备需求，具体需求和数量在空间说明中注明。

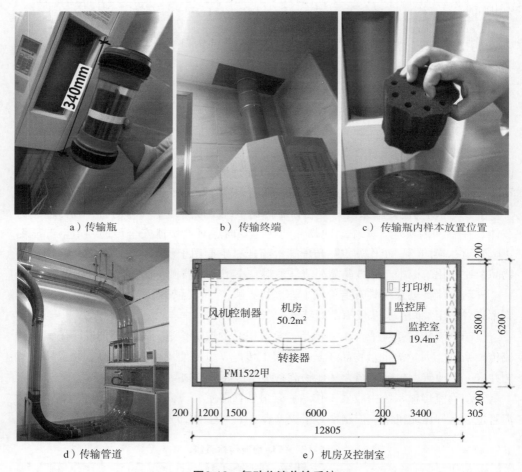

a）传输瓶　　　　　　b）传输终端　　　　　　c）传输瓶内样本放置位置

d）传输管道　　　　　　e）机房及控制室

图2-12　气动物流传输系统

（2）箱式物流传输系统　箱式物流传输系统是由运行轨道、传输箱、换向器、提升机、工作站点等组成的物流系统（图2-13）。主要用于传输大中型物品，比如整包药箱、大小药品、大输液、手术包、耗材、敷料包、被服（洁品）、办公物品等。箱体样式多样，根据传送物品的不同，可以定制不同颜色、不同尺寸、不同样式的传输箱。比如普通标准周转箱、冷链周转箱、标本周转箱、消毒周转箱及密码周转箱等。箱体内嵌RFID智能芯片，可实时追踪物品传输全过程。

箱式物流传输系统以传输箱为载体，传输量更大，传输的效率高，方便医护人员快速、安全、高效地完成医疗物品的发送与接收。工作站可存放多个周转箱，方便连续发送物品，发送速度更快。整个物品传输过程中，物品始终保持水平状态，传输更安全。

a）全景图

b）轨道　　　　　　　　c）护士站物流终端

d）周转箱　　　　e）垂直分拣机　　　f）智能化站点

图2-13　箱式物流传输系统

（3）轨道小车物流系统　轨道小车物流系统主要由运载小车、工作站点、轨道、转轨器、控制器、防火装置、空车储存区等组成（图2-14）。医院各个科室、病区之间设有垂直或水平的运输轨道供小车通行，自驱动运输小车穿梭在各个物流终端之间运输物品，主要传输中小型物品，如各种药品、静脉输液、血液制品、检验病理标本、X光片、小型手术器械包、消毒敷料、病历档案、各种单据和文件等。

a）全景图　　　　　　　　　　　c）站点

d）轨道　　　　e）监视器　　　　f）转轨器

图2-14　轨道小车物流系统

轨道小车物流系统的特点是，一条轨道上可以同时发送多台小车，具有单次传输量较大、传输效率高、安全可靠的优势。但小车与轨道不能分开，取用物品不方便，车轨不能分离的限制导致每个科室的工作站都不能有多辆小车，因为多车存储会造成小车无法发送。对于传输量较大的科室，在使用轨道小车物流系统时，需要频繁叫车，每次都需要一定的等待时间，无形中浪费了不少时间。因此更适合中小型医院在批量传输不是很大的情况下使用。

（4）AGV机器人物流　AGV 是 Automated Guided Vehicle 的简称，中文翻译为智能导引小车，它是由智能运输小车、充电设备、信号系统等组成的物流系统，具有自主导航、多机调度、自动乘梯、自动装卸等人工智能技术（图2-15），机器主体可在院内灵活移动，为手术室、静配中心、库房、药房等科室运输医疗物资，可运输标本、大输液、药品、耗材、被服、配餐等物资。

AGV机器人物流能解决大批量、大重量物品局部传输的难题，具有自动化高、传输量大、传输平稳的优势。

（5）污物回收系统　医院人流密集，据统计，平均每个床位每天可产生1.5kg垃圾、0.5kg医疗废物，因此垃圾分类及收运会占用医院大量的空间及人力资源。应利用现有技术，按照医院及国家相关规定要求，将医疗垃圾、生活垃圾、污衣被服等各类污物垃圾通过收集系统安全回收，避免交叉感染，减轻工作人员劳动强度，提高工作效率（图2-16）。

a）手术室机器人   b）麻精药品管理   c）标本转运机器人
机器人

d）自动顶升箱体   e）开放式设计 f）AGV 物流

图2-15　AGV机器人物流系统

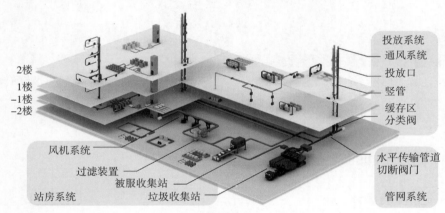

2楼
1楼
-1楼
-2楼

投放系统
通风系统
投放口
竖管
缓存区
分类阀

风机系统
过滤装置
被服收集站
站房系统　垃圾收集站

水平传输管道
切断阀门
管网系统

a）全景图

b）投放入口示意   c）污衣投放口   d）污衣传输管道   e）收集清点

图2-16　污物回收系统

3. 物流系统综合解决方案

大型医院往往采用多种物流相互搭配的模式，如智能中型箱式物流与气动物流相组合的方式，在局部科室可用人工智能物流机器人传输物品，尤其是对污染物的物流运送，能使运送效率得到大大提升（图2-17）。

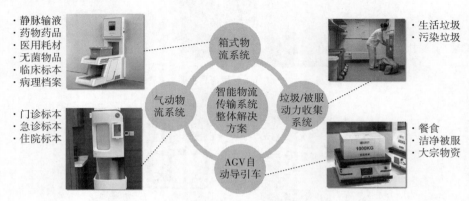

a）物流综合解决方案

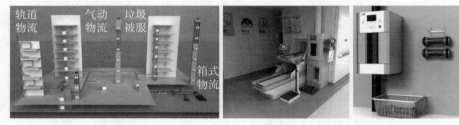

b）物流综合解决方案示意　　c）护士站综合物流终端　　d）气动物流传输终端

图2-17　物流系统综合解决方案

2.3　医疗空间的安全设计

2.3.1　无障碍设计

应注重医疗空间中的无障碍设计，包括病房设施无障碍、诊疗过程无障碍、院区环境无障碍，保障患者能够安全就医，使行动不便的患者能够顺利到达任何一个功能区域进行各种检查治疗、办理各种支付结算、领取各种药品器械、获取各种生活用品，真正实现医疗空间的无障碍。

在进行无障碍设计时应根据《无障碍设计规范》（GB 50763—2012）的相关规定，结合医院空间的实际情况，在医院的室外、大厅、入口、电梯、病房、卫生间等空间设置无障碍设施，注意对楼梯、门窗、地面和相关设备等细节处进行无障碍处理，增强使用的安全性（表2-17）。

表2-17　无障碍设计

类别	设计原则	图示
无障碍坡道	坡道应平缓。如果无法从坡道一端看到另一端，或坡道上有三个及以上的平台，中间平台应设1800mm宽、1800mm长，方便两车相遇时让车，坡道两侧设100mm高的路缘石防止拐杖轮子出沿。《无障碍设计规范》（GB 50763—2012）中规定：一般坡道的净宽度不应小于1m，小于1m则不便于患者通行，需要轮椅通过的坡道不应小于1.2m。对于乘坐轮椅的患者，一般供轮椅使用的坡道坡度不应大于1∶12，空间较为狭小局促的地段不应大于1∶8	
门	1）设置自动开闭门或者电动开闭门，方便残疾人开门； 2）室内外所有无障碍门都不得采用力度大的弹簧门，采用玻璃门时，应在视线可及范围内设置醒目的提示标志； 3）自动门开启后通行净宽度不小于1m； 4）无障碍平开门、推拉门开启后的通行宽度不小于0.8m； 5）门扇内外留有直径不小于1.5m的轮椅回转空间； 6）单扇平开门门把手一侧应设宽度不小于400mm的墙面； 7）所有无障碍门应在距地900mm高处设把手，设观察窗； 8）与周围墙面有一定色彩反差	 
电梯	1）电梯内的楼层按钮清晰可见，按钮数字设计成凸起，方便人们识别，电梯到达指定楼层时，要有数字显示及配音播报，要有适当的图标设计，方便视力弱者； 2）无障碍电梯设语音提示系统，电梯门前铺设有触感提示的地面材料	
轮椅提升装置	在不能设置坡道的地方设置轮椅提升装置，装置本身应方便残疾人使用	
走廊	1）门诊主要通道、护理单元公共走廊设防撞扶手，中心标高0.85m，下部设置0.3m高防撞护板，阳角处设置成品防撞护角； 2）患者走廊、医护走廊地面面层防滑、耐磨； 3）扶手应设置高低两层，高的大概设置在0.85m处，低的设置在0.45m处，扶手应使用温暖、触感良好的材质，如木质、PVC材质等	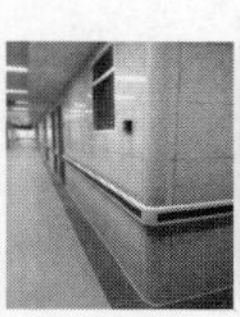 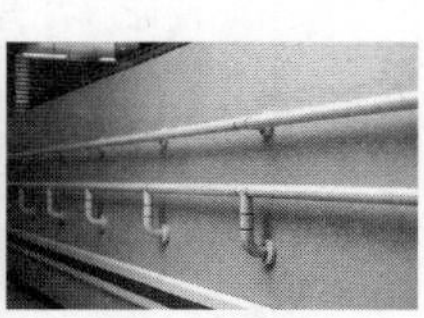

类别	设计原则	图示
病房卫生间	1）护理单元病房、卫生间设助力扶手、淋浴座凳及呼叫按钮。按《无障碍设计规范》第 3.9.2、3.9.3 条设置； 2）坐便器旁设"L"形扶手及紧急呼叫器，手纸盒应便于拿取，手纸盒下方凹入，供轮椅插入或坐着洗漱时使用； 3）病房卫生间宜采用干湿分离设计，洗手盆及坐便器为干区，淋浴间为湿区	 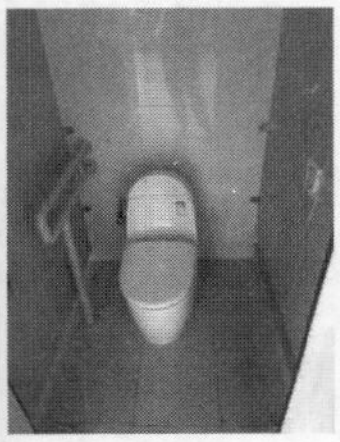
公共卫生间	1）在厕所隔断上设置安全抓杆、挂钩、置物架等； 2）卫生间要预留直径不小于 1.5m 的轮椅回转空间； 3）患者使用的坐便器的坐圈宜采用"马蹄式"，蹲便器宜采用"下卧式"，便器旁应设置助立拉手； 4）卫生间地面装修材料应采用防水防滑面层； 5）公共卫生间设施包括洗手池、小便器、大便器、输液吊钩、求救按钮、挂衣钩、婴儿护理台、婴儿椅等	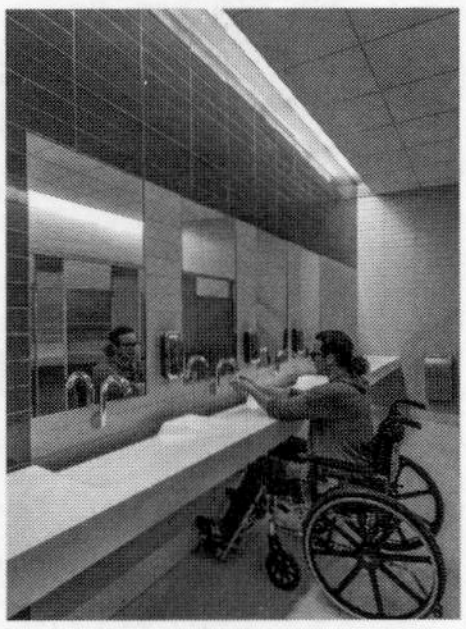
楼梯踏步	在楼梯的踏步起点和终点铺设 250～300mm 有触感提示的地面材料，除此之外楼梯扶手距地 0.9m	 
建筑入口	1）位于出入口的室外大门宽宜大于 1.5m，为了方便患者进出门诊大厅，门宜采用感应式自动门，不适合用弹簧门、玻璃门等，如果入口处大门采用玻璃门，应在玻璃门上贴上醒目防撞提示标志，防止患者撞伤； 2）采用自动门时，门开启后其通行净宽不应小于 1.0 m，采用其他门时净宽不小于 0.8 m； 3）门扇应方便开启，完全开启后，其前后方应留有直径不小于 1.5 m 的供轮椅回转之用的空间； 4）入口处的门不宜设有门槛，设有门槛时，其高度不应大于 15 mm，且要以斜面过渡	
高低位设计	设计服务台时要设置两种高度，一种较高的服务台为普通患者使用，另一种则是为坐轮椅的患者或者有需要的患者使用，台面的下部常预留一定空间供轮椅患者进入。高位服务台台面的高度常为 0.9～1.2 m，低位服务台台面的高度常为 0.7～0.8 m	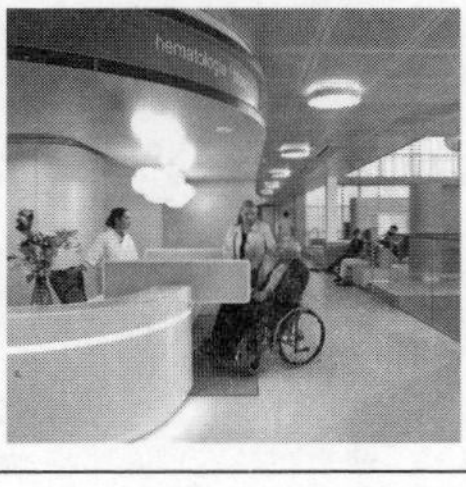

类别	设计原则	图示
天轨	可以在病房、卫生间、浴室等房间覆盖轨道，用多种吊兜满足不同功能需求。可用于康复训练、ICU 病房安全如厕等场景	
盲道	1）盲道应从医院外部道路延伸到医院内部，从室外延伸至室内，不应突然中断，在门诊咨询台、交通岔口等地方应适当设置盲道，以方便患者顺利抵达目的地； 2）医院大厅常采用石材或者地砖等地面材料，因此盲道的材料宜使用金属等材质，如不锈钢盲道	
其他	1）为防止就诊者摔倒身体受到伤害，铺设地面时应注意使用防滑材料，如防滑地砖等； 2）为防止就诊者意外被棱角等尖锐处划伤，窗台、墙体的拐角甚至家具的边缘都应该采用圆弧设计或增加保护措施，减少身体与棱角的接触	

2.3.2 感染控制

医院感染管理是一门多学科交叉渗透的新兴学科，目前已有相关规范《医院感染预防与控制评价规范》（WS/T 592—2018）。感染控制是一个影响医院安全性的非常重要的管理因素，负责维持医院关键科室的卫生状态、防止人员感染以及避免有害物质的危害。医院对感染控制和患者的安全管理贯穿于医院的每个环节。感控不只是医院管理的范畴，设计医疗空间时就要通过空间布局、流线安排等对医院科室进行科学布局，方便医院进行有效控制。

1. 院区布局

注重人流、物流、空气流、空间的布局及流线的组合，以控制交叉感染为设计的基本原则，要满足医疗活动顺序及过程，为患者提供安全的诊治环境。

（1）功能分区 垃圾处理站应远离医疗区设置，并位于院区所在城市的下风向。营养科与院区食堂应远离医疗区与垃圾处理站，周围环境无污染，邻近院区次出入口，食材运输通路便捷，不经过污染区域，最好设置专用出入口。将病理科作为重点发展科室的院区，建议将其单独设置于院区隐蔽处，周围环境通风条件良好。儿科门诊应单独设置对外出入口，妇儿诊区最好设置在楼体同一侧。感染科、发热肠道门诊应具备一套独立的门诊设施，有条件的应单独设置感染楼或公共卫生楼，最好从院区次出入口可直达，避免传染性患者在院区内就诊流线过长，避免与其他患者流线交叉，降低感染概率。不同洁净度要求的功能区域之间，应保持足够的安全距离，院区条件不允许时，应设计绿化隔离带进行分隔。

（2）**流线设计**　医院流线复杂，为了避免交叉感染，在院区入口规划和流线安排方面应该合理划分，避免过多流线交叉造成感染。应该对以下各种人流、物流流线进行区分。

1）非传染性患者进出院区流线；

2）传染性患者进出院区流线；

3）医务人员进出院区流线；

4）行政办公人员进出院区流线；

5）一次性耗材等大宗物资进出院区的运输流线；

6）医疗垃圾与生活垃圾出入院区的运输流线；

7）食材与后勤洁净物品进出院区流线；

8）不设置洗衣房，院区外机构负责洗衣的，应设置污衣运出流线；

9）院区内汽车流线。

在合理的流线规划基础上，还应合理规划院区出入口。其中医护工作人员、行政人员与洁净物品运输可共用一个出入口。传染性患者、垃圾运输与污衣运输可共用同一出入口。非传染性患者数量较大，应单独设置出入口。急诊患者有抢救需求，也应设置单独的绿色快速出入口。

2. 重点感控科室

在医疗空间中，很多科室需要从功能分区、流线安排上进行感控设计，如血透中心、手术中心、内镜中心、消毒供应中心、检验中心、介入中心等，这些科室都需要科学设计和合理布局，从物理空间上达到感染控制的目的。感染控制重点科室必须设置消毒间，满足消毒、隔离和感染控制的要求，如口腔门诊、内窥镜中心、妇产科门诊、检验中心。将诊疗部门分类按其关联密切度来安排相互的毗邻位置，缩短门诊相关功能科室之间的距离。清洁区、潜在污染区、污染区的划分必须科学合理，追求科学、实用、创新，最大限度地使分区合理化、洁污流线明晰化。门诊、病房区域的设计，可以将通道设计为双"E"形布局，医护生活区和办公区室设置在中部（居中），做到医患通道分离，减少感染。医院的医疗工艺流程是否规范，直接与医院防控感染的布局流程建设密切相关。下面以手术中心为例，说明需要感控的科室是如何科学设计的。

手术中心是患者发生院内感染概率最高的场所，我国针对手术中心的建设专门颁布了《医院洁净手术部建筑技术规范》。手术部规划设计的科学性、安全性、效率性对降低术后感染、提高医疗质量、保障医疗具有十分重要的意义。手术部的规划设计中，动线设计是关键，即人和物的活动轨迹和方向。动线是手术部平面布局的基础，是手术部运转的动脉，也是防止交叉感染和提高手术部效率的核心。手术部设计必须防止交叉感染，满足医疗流程要求，重点是解决三种动线，即患者、医护人员、手术器械的术前及术后的动线。手术部内部的走廊是重要的功能区，是手术部人流、物流、气流的通道，是感染的主控对象，手术部通过走廊的设计来实现洁污分流。根据上述分析，一般手术部应设置至少四个出入口，三个主出入口分别为医护人员出入口、患者出入口、污物回收出入口，一个次出入口为传染性患者出入口。在此基础上设置三条通道，一条是医护人员卫生通过后由工作区到手术区的流线，清洁物品可与医护人员共用同一个通道；一条是非传染性患者换床后进入手术区通道；还有一条是污染物清洁、收集与运输通道。在功能分区上，污染区包括换床区、患者通道、污物间、污物通道等。负压手术室及其前室应尽量靠近污物间设置，缩短医疗垃圾运输距离。清洁区包含医护办公区域、医护手术准备区域、手术区、无菌物品与无菌器械等清洁物品的存放保管区等。图2-18的手术中心感控示意图仅作参考。

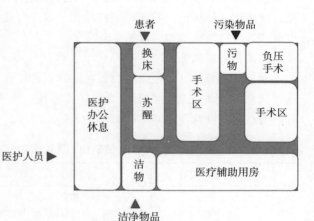

图2-18　手术中心感控示意图

2.4　医疗空间的信息化设计

2.4.1　设计要求

智慧型医院建设就是将云计算、大数据、物联网和人工智能等新兴信息技术，深度融入诊疗和全生命周期健康管理过程，以患者为中心，在诊疗、患者服务和健康管理等方面，为患者提供更加安全、高效和便捷的智能就医环境（图2-19）。

图2-19　智慧型医院

1. 建设原则

（1）**实用** 医院智能化系统的设计与实施必须符合本项目的实际需要和投资预算，决不片面追求系统的先进性和超前性，防止造成投资浪费。

（2）**先进** 为了确保医院智能化系统建成后能有较长的生命周期，应选用具有国内同行业领先水平且符合国际发展趋势的技术及产品。

（3）**可靠** 医院智能化系统应可靠、稳定、简单、易维护。

（4）**可扩展** 医院智能化系统应具备良好的可扩展性和可升级性，便于医院及时扩展规模，紧跟时代的发展。

2. 智慧医院总体架构

"智慧医院"包括4个层次，其中，医院智能化系统是基础，区域卫生信息平台是依托，智慧健康管理是手段，最终的目标是建设健康社会、缔造健康生活。其技术特征包括：医疗数据电子化、医疗环境智能化、系统建设平台化、智能应用物联网化、IT架构云计算化、数据终端移动化，最终打造出医院医疗大数据平台，将医院建设成"数字化医院"和"智慧型医院"。

3. 信息化医院管理

除上述系统以外，还需要设置医院建筑的综合布线系统，以建立一个和现阶段新技术接轨的技术先进、功能全面、操作方便、能覆盖所有功能区域的智能化综合医院。信息化项目管理具体内容如表2-18所示。

表2-18 医院信息化项目

序号	信息化项目	内容
1	互联网医学中心	设置互联网医学中心，分为内网和外网，包含患者终端、医生终端和管理终端。由视频监控、信息导引及发布、有线电视、多功能会议、ICU探视系统、多媒体示教系统和远程医疗等多个子系统组合而成
2	物资领用	摒弃手工物资领用单，使用线上OA系统领用物资
3	全息系统	建立医院全息系统，提高医院信息化水平
4	一卡通智能门禁系统	全院设立智能门禁一卡通刷脸系统，门禁卡与刷脸识别相互绑定
5	急救呼叫系统	整个医院预留呼叫系统点位，设置急救呼叫系统
6	电子标签系统（RFID）	电子标签系统（RFID）主要涉及医院工作人员、医院患者、医院资产、医院药品四个方面。在医院的重要位置设置固定的RFID阅读器，以便判断医护、患者所在位置及信息，为及时诊疗与救护提供支持，便于对医疗设备、药品等信息进行确认
7	远程医疗系统	本系统借助信息及电信技术来传递患者的医疗临床资料及专家的意见。远程医疗包括远程医疗会诊、远程医学教育、多媒体医疗保健咨询系统等
8	数字影像系统（PACS）	面向医院内部影像科室，是连接CR、DR、CT、MRI、DSA等放射成像设备以及超声、内窥镜等非放射成像设备的综合性网络信息系统

序号	信息化项目	内容
9	检验信息系统（LIS）	把检验、检疫、放免、细菌微生物及科研使用的各类分析仪器连接到医院专用网络，实现各类仪器数据结果的实时自动接收、自动控制及综合分析，系统可与条码设备配套使用，自动生成条码，提高医疗效率
10	临床信息系统（CIS）	收集和处理患者的临床医疗信息，包括医嘱处理系统、患者床边系统、医生工作站系统、实验室系统、药物咨询系统等
11	医院信息系统（HIS）	智能化系统集成平台，为医院各部门提供患者诊疗信息，具备对行政管理信息进行收集、存储、处理、提取和数据交换的能力，是医院管理的平台
12	其他	建筑设备集成管理系统（BMS）、楼宇设备自动控制系统、火灾自动报警及消防联动控制系统、安全防范系统、闭路电视监控系统、防盗报警系统、门禁巡更系统、有线电视系统、电子叫号系统、病房呼叫对讲系统、ICU 病房探视可视对讲系统、多媒体信息发布系统、智能照明控制系统、停车场管理系统、机房环境监控系统、中央空调群控系统、视频示教系统、多媒体会议系统、中央广播系统等

2.4.2 设计建议

现代医院的信息化管理彻底颠覆了传统医院的运营模式和患者的就医模式，成为现代医院必不可少的重要管理手段。医院建设应充分利用信息化手段，如大数据、物联网、人工智能等，将其深度融入患者的诊疗和全生命周期健康管理过程，实现医院运行的无纸化、无线化、无币化，以患者为中心，在诊疗、患者服务、健康管理等方面优化服务流程，让患者少跑路、多办事，提供更加安全、高效和便捷的智能化就医环境。医院的信息化建设可以分阶段进行，对未来发展的部分进行布线预留，为以后的可持续发展留有余地。医院的信息化建设需要构建两套独立的计算机网络系统。一套为外网，另一套为监控、医疗专用数据网络，即内网，两套网络采用物理隔离，具体建议如下。

1. 充分利用互联网进行信息化诊疗

患者可以利用线上互联网服务平台进行预约诊疗，线上APP平台向患者推送调查问卷，询问患者病情及患病史，使医生提前获知患者情况，同时还可以提醒患者当前分诊情况，通过信息化手段缩短就诊时间，提高就医体验感。

依托医院线上APP平台，推动就诊线上线下融合，患者可以在线问诊，进行线上支付（包括医保、商保），实现诊间移动支付与医疗保险实时报销，实现线上与线下诊疗业务无缝对接，减少患者来院次数，减少患者诊疗时间。

2. 以患者为中心，通过信息化手段提供人性化服务

利用线上、电话等方式在线解决患者的简单咨询，提高患者来医院就诊的有效性。

信息化手段实现了线上、线下多途径检查预约，使预约和检查时间更加精准，患者也可以在线上查看检验检查报告，提高了患者的就诊效率。

充分利用可穿戴设备的物联网技术和床旁检查设备对住院患者进行健康监测和床旁检查（如心电图、血糖等项目），同时将监测和检查数据联至医院信息系统，方便对患者进行健康监测，减少住院患者的走动，提高医护人员的工作效率。

利用医院APP平台或电话提醒等方式为患者提供线上用药指导、检查注意事项等信息。

智能语音技术具有智能电话随访服务，为患者提供需求反馈功能，主动解决出院患者的问题。

基于院内导航定位和智能腕带设备，规划建立电子围栏，实现对重点患者的位置监控和路线回放，提供紧急求助功能。以院内导航为基础，实现诊间导航，包括候诊自动报到、检查自动登记等，提供路线指引和捷径，减少集中登记报到而造成的人员拥堵。

利用医院线上应用平台对患者进行简单分诊，也可结合患者历史诊疗情况、检查结果、治疗安排等给出分诊建议（图2-20）。

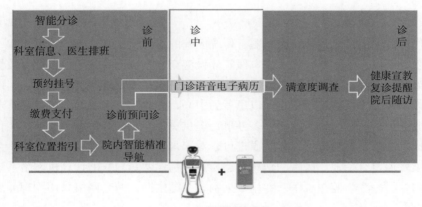

a）智慧导诊流程

b）智慧导诊服务台

图2-20　智慧导诊

2.5 医疗空间的环境设计

2.5.1 空间设计

建筑的空间形式与空间组合是室内空间的主要表现形式，也是建筑功能的具体体现，一般在医院建筑中，环境空间主要有以下3种类型。

1. 共享空间

共享空间主要包括穿插式空间、集中式上下空间。共享空间是其他空间的连接中心和交通枢纽，是人们的公共活动中心。空间之间相互穿插、渗透，它是室内环境的视觉中心，门诊大厅、住院大厅以及医院街等都属于这类空间（图2-21）。

图2-21　共享空间

2. 开敞空间

开敞空间是外向型空间，限定性和私密性较小，强调与空间环境的交流、渗透，讲究对景、借景、与大自然或周围空间相融合。它可以扩大视野，灵活性较强，便于经常改变室内布置。在心理效果上，开敞空间常表现为开朗、活跃。门诊部、医技部科室中的等候空间都属于此种类型的空间（图2-22）。

图2-22　开敞空间

3. 封闭空间

封闭空间被限定性较高的围护实体包围起来，在视觉、听觉等方面具有很强的隐蔽性，心理上给人领域感、安全感。门诊中的诊室、护理单元中的病房等都属于此种空间类型（图2-23）。

研究人员发现，医辅用房存在很多黑房间的情况，即房间没有自然采光和通风，长期在这种房间中工作会对医护人员的身心健康产生不良影

图2-23　封闭空间

响。因此在设计医辅用房时应尽量减少黑房间，尤其是医护人员长期使用的空间，要增加自然采光和通风，保障医护人员的工作环境。

在护理单元等医辅工作区域内设置阳光角，光线充足，给医护人员提供休息交流的空间，缓解压力，进而提升医护人员的工作效率。

2.5.2 色彩设计

1. 色彩与生理反应

人的感官和生理系统是相互联系的，不同的色彩能够引起人不同的生理反应。色彩学家吉伯尔研究认为色彩的这一特点具备辅助医疗的功能，表2-19列出了色彩所具有的辅助医疗功能和适用情况。

表2-19 色彩的辅助医疗功能

色彩	属性	辅助医疗功能	适用情况
红色		促进血液流动，加快呼吸，焕发精神	对麻痹、忧郁患者有一定的刺激作用
粉红		放松神经，给人安抚，激发活力，唤起希望	治疗大脑疾病及精神紊乱
橙色		促进血液循环，改善消化系统，对喉部、脾脏等部位的疾病有辅助疗效	术后胃口欠佳的患者
黄色		能适度刺激神经系统，改善大脑功能	对肌肉、皮肤、神经系统患病的患者有一定的效果
绿色		降低眼压，松弛神经，"绿视率"理论认为绿色在人的视野中占到25%左右时，人的心理感觉最为舒适	患者高血压烦躁、烧伤、喉痛、感冒患者均适宜
蓝色		缓解肌肉紧张，松弛神经，降低血压。适合患有肺炎、神经错乱及五官疾病的患者	高热患者
紫色		松弛运动神经，缓解疼痛，对失眠、精神紊乱可起一定调适作用	孕妇

从上表可以看出，色彩可以对情绪起调节作用，将色彩合理地运用在医院室内环境中，不仅可以为患者营造一个良好的就医环境，还能发挥色彩的特殊功效，起到调节患者情绪的作用。

将绿色、浅蓝色用于手术室、治疗室，给人一种自然安静的感觉；将高雅平和的中性暖灰色用于病房、候诊空间，给人一种温暖亲切感，使患者得到更好的休息。治疗室、处置室等用房可以设置为浅蓝色，给人一种安静平和之感；活动室的色彩可以设计得丰富一些，调动患者的积极性。

2. 色彩的知觉效应

（1）温度感 不同的色彩会产生不同的温度感。人们见到红色、橙色、黄色等颜色后，会联想到太阳和火焰，从而产生温暖、热烈等感觉，故将红色、橙色、黄色等有温暖感的色彩称为暖色系（图2-24）。人们见到蓝色、蓝紫色等颜色后，则很易联想到天空与海洋，从而产生寒冷、平静等感觉，故将蓝色、蓝绿色、蓝紫色等有寒冷感的色彩称为冷色系（图2-25）。

色彩的冷暖感觉不仅表现在固定的色相上，还会在比较中显示其相对的倾向性。如紫色与橙色放在一起时，紫色倾向于冷色，当紫色与蓝色放在一起时，紫色又倾向于暖色。发黄的红色和发蓝的红色的冷暖有很大差别；发红的黄色与发蓝的黄色的冷暖也有很大差别。

图2-24　暖色系　　　　　　　　　图2-25　冷色系

色彩的冷暖与明度有关。高明度的色彩一般有冷感，低明度的色彩一般有暖感。

色彩的冷暖与彩度（饱和度）有关。通常暖色彩度越高越暖，冷色彩度越高则越冷。

色彩的冷暖还与表面的光泽度有关。光泽度强的色彩倾向于冷，粗糙的表面倾向于暖。

（2）**重量感**　色彩的重量感主要与色彩的明度有关。明度高的色彩使人联想到轻柔、飘浮、上升的感觉，而明度低的色彩易使人联想到沉重、稳定的感觉。暗色感觉重而亮色感觉轻，同时彩度强的暖色感觉重而彩度弱的冷色感觉轻。如图2-26、图2-27所示的医院空间，地面采用了灰色，比墙面和顶棚的色彩明度要深，遵循了上浅下深的色彩搭配原则，整个空间的色彩氛围给人感觉比较稳定。

图2-26　灰色地砖更具重量感　　　　图2-27　深灰色地毯更具重量感

（3）**距离感**　各种不同波长的色彩在人眼视网膜上的成像位置有前有后，红、橙等光波长的颜色在视网膜上成像位置偏后，所以感觉比较靠前，蓝、紫等光波短的颜色则成像位置偏前，同样距离时，冷色感觉就比较后退。远近感是色性、明度、纯度、面积等多种对比造成的视错觉现象。

色相和明度对色彩距离感的影响最大。一般亮色、暖色、纯色，如红、橙、黄暖色系，看起来有前进的感觉，称"前进色"；而暗色、冷色、灰色，如青、绿、紫冷色系，看起来有推远之感，称"后退色"。设计医疗空间时可以利用色彩的距离感来调整空间尺度给人的感觉。通过一些实验得出色彩从近到远的次序是：红、黄、橙、紫、绿、蓝。当某些空间过于松散时，可以使用前进色，使空间视觉效果更紧凑。相反，如果空间比较紧凑，可以使用后退色，使空间显得宽敞。如图2-28所示的走廊空间，空间比较松散空旷，因此邻近护士站的墙面使用了暖色，使空间显得紧凑一些，营造出温馨舒适的空间氛围。

图2-28　色彩产生的距离感

（4）尺度感　暖色和明度高的色彩视觉效果更膨胀，因此物体显得大。而冷色和暗色则看起来更收缩，因此物体显得小。色彩效果从膨胀到收缩的顺序是：红、黄、灰、绿、青、紫。

色彩尺度感应用的典型实例为法国的三色国旗设计，其红、白、蓝三色的宽度之比为33∶30∶37，三色虽不等分，但在视觉上却形成了宽度相等的感觉。

（5）注目感　色彩的注目感主要是受色相的影响，它是指在无意观看的情况下更能引起人们注意的能力，具有注目感的色彩在很远处就能识别到。

光色注目感由强到弱的顺序是红、青、黄、绿、白，注目感强的颜色为红、橙、黄。同时色彩的注目感还与其背景颜色有一定的关系，在黑色或灰色的背景下，注目感由强到弱的顺序是黄、橙、红、绿、青；在白色的背景下，注目感由强到弱的顺序是青、绿、红、橙、黄。在设计医院环境中的各种指示性标志时，应考虑色彩的注目感。如图2-29所示的等候空间，墙面局部采用明亮的橙色，与具有设计感的家具相呼应，人们的视线很容易被这些色彩所吸引，使坐椅沙发成为空间的视觉中心。

图2-29　色彩注目感

（6）疲劳感　色彩的疲劳感是指长时间接触某种色彩后，可能会产生的一种疲劳和不适感。色彩的彩度越强，对人的刺激越大，越会使人感到疲劳。一般而言暖色系的色彩比冷色系的色彩疲劳感强，而绿色则不明显，很多颜色组合在一起时，明度差或彩度差较大的更容易使人感到疲劳。如图2-30所示病房走廊，凹进去的门和门框采用果绿色，与白色的背景色形成对比，绿色能够舒缓人的视觉疲劳，空间配色简洁高级，给人带来轻松愉悦之感。

图2-30　绿色减少疲劳感

很多色相在一起，明度差或彩度差较大时，就容易使人感到疲劳；过于鲜艳的颜色也可能导致视觉疲劳；长时间观看同一种颜色也会引起视觉疲劳。疲劳的程度与色彩的彩度成正比，疲劳产生之后，眼睛有暂时记录它的补色的趋势，如当眼睛注视红色后，产生疲劳时，再看向白墙，则墙上能看到红色的补色：绿色。因此在手术室的色彩选择上，一般都采用绿色，一定程度上缓解医护人员的视觉疲劳（图2-31）。

（7）明暗感　色彩在照度高的地方明度升高彩度增强，而在照度低的地方明度会随着色相的不同而发生改变，一

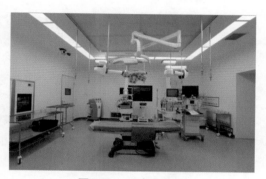

图2-31　手术室色彩

般绿、青绿及青色系的色彩会更显明亮，而红、橙及黄色系的色彩则会更显发暗。

（8）混合感　将两种或多种色彩进行混合，形成与原有色不同的新色彩，这就是色彩的混合，分为加色法混合、减色法混合、空间混合三种类型。加色法混合是将两种或多种光源色光混合在一起，增加光的通量，混合后的色彩亮度会增加。减色法混合是基于颜料或染料的混合，混合后的色彩亮度会降低。空间混合不是真正的混合，而是将色彩并置在一起，通过人的视觉错觉产生混合效果。医疗空间中主要采用色彩的空间混合来营造舒适、积极的室内环境，以帮助患者放松身心、减轻压力，从而促进康复。如在医疗建筑公共空间中，可以运用多种色彩搭配或者图案拼贴达到色彩的空间混合，丰富空间的层次感和趣味性，活跃空间氛围，对患者的心理状态产生积极影响（图2-32）。

（9）情绪感　色彩可以使人感觉兴奋或沉静，我们将之称为色彩的情感效

图2-32　色彩混合感

果。最明显的是色相，红色、橙色、黄色让人感到兴奋，青色、蓝色让人感到沉静，而绿色和紫色属中性，介乎两种感觉之间。色彩纯度与情感的关系也很大，白色、黑色以及纯度高的颜色给人以紧张感，灰色及纯度低的颜色给人以舒适感。明度对其也有一定的影响，暖色系中高明度、高纯度的色彩让人感到兴奋，低明度、低纯度的色彩让人感到沉静。

（10）**软硬感**　其感觉主要来自色彩的明度，与纯度也有一定的关系。明度越高，给人的感觉越软，明度越低，则感觉越硬。明度高、纯度低的色彩有软感，中纯度的色彩呈柔感，因为它们易使人联想起骆驼、狐狸、猫、狗等动物的皮毛，还有毛呢、绒织物等。高纯度和低明度的色彩都呈硬感。

3. 色彩的运用

（1）**色彩搭配比例**　除了专用空间外，一般室内空间面积大的地方，如墙面、顶棚、地面等，其色彩被称为背景色，约占空间60%的面积；家具等主体物品的色彩为主体色，如家具、窗帘等的色彩，约占空间30%的面积；小面积的色彩为点缀色，如陈设、标志物、局部界面的色彩，约占空间10%的面积。三种色彩一般遵循以下配色原则。

1）背景色应为基础色调，整体宜淡雅，宜用高明度、低彩度的调和色。如图2-33所示的护理单元前台和病房，背景色都采用了比较淡雅明亮的色调，给人带来轻松愉悦的氛围感。

a）淡雅的背景色　　　　　　　　　　b）高明度背景色

图2-33　背景色

2）主体色决定着空间整体的色彩形象，与背景色形成一定的色彩层次，彰显空间特色。如图2-34a所示的护理单元护士站，隔断和局部界面使用了明亮的蓝色，与背景的白色形成了色彩对比，不仅丰富了空间的色彩层次，还使护士站具有较强的识别性。如图2-34b所示的儿童医疗空间，天然的木色家具是空间的主角，空间色彩温馨自然，自然光线充足，让空间氛围摆脱了医疗机构的束缚，展现出怡人宜居的生活氛围。

a）蓝色为主体色

b）原木色为主体色

图2-34　主体色

3）点缀色能够增加空间的节奏感，也能够起到引导的作用，一般可以选用亮丽的色彩，对比鲜明。如图2-35所示的医疗空间，木色饰面板上的绿色成为空间的点缀色，调整了空间的色彩节奏，增强了空间色彩的韵律感，使该空间的氛围更加舒适、放松。如图2-36所示的医院多功能厅，绿色座椅和墙面绿色壁毯成为空间点缀色，与绿色窗框相呼应，色彩的巧妙搭配打破了空间色彩色相单一、层次单调的局面，活跃了空间氛围。

图2-35　墙壁装饰点缀空间

图 2-36　壁毯点缀空间

（2）色彩搭配形式

1）同类色调和是指将同一色相的色彩调整成不同明暗层次的色彩，给人以亲切感。由于同一色相的深浅、明暗组合是极雅致且富有统一感的配色，过分调和的色彩搭配会显得乏味单调，容易使人厌烦，所以在配色时可以通过明度或纯度的变化来加强对比，或使用黑、白、灰等无彩色进行调节。如图2-37、图2-38所示的医疗空间，都使用了淡雅的白色进行调和，整个空间淡雅宁静，为了避免单调，在家具色彩和地面图案上做了适当的变化。

图 2-37　大厅同类色调和（一）　　　　图 2-38　大厅同类色调和（二）

2）类似色调和是指将色相环上相邻的颜色组成的配色。如以橙色为主色调，当它与色相环上左右相邻的黄色、绿色组合时，可以得到暖色调的类似色调和。同样的道理，如果选用绿色调，当它与色相环左右相邻的蓝色、蓝绿色组合时，可以得到冷色调的类似色调和。类似色调和的色彩变化缓和且带有渐变，既具有同类色调和的和谐稳定感，又具有色彩变化丰富的特点，形成平静中又有变化的效果。如图2-39、图2-40所示，医院门厅和等候区都采用了黄色和绿色的搭配，给人感觉既统一又有一定的变化，营造出温馨舒适的空间氛围。

图 2-39　门厅类似色调和　　　　　　图 2-40　等候区类似色调和

3）对比色调和是指补色以及接近补色的颜色组合，颜色之间的明度、纯度相差较大，给人以强烈的对比，如红与绿、蓝与橙等。对比色调和能表现色彩的丰富性。但是此种配色组合对人眼的刺激较强烈，易引起视觉疲劳或不适感。为了减弱这种对比，可以将色相对比强烈的双方在空间中的面积差距拉大，使一方处于绝对优势的大面积状态，突出其稳定的主导地位，另一方则为小面积的从属点缀。也可以在组织配色时，在对比强烈的高纯度颜色之间嵌入金、银、黑、白、灰等分离色彩的线条或块面，以调节色彩的强度，使对比有所缓冲，产生新的色彩效果。这种搭配方式能够强调突出一些颜色，给人深刻的印象，突出主题。如图2-41、图2-42所示，导诊台和门厅在色彩搭配上都选择了蓝色与黄色的对比色搭配。导诊台中蓝色占据的面积比较小，与大面积的黄色形成鲜明的对比，使患者的视线聚集到导诊台和顶棚上的装饰，具有较强的引导性和装饰性，给人留下深刻的印象。

图 2-41　导诊台对比色调和　　　　　图 2-42　墙体对比色调和

（3）常见的色彩搭配

1）综合医院可以考虑莫兰迪色系，采用高级暖灰色调，可有效缓解病患紧张情绪，使患者就诊体验更加温暖舒适。如图2-43、图2-44所示的某中心医院，墙面采用明亮的暖白色和木色，地面采用高级灰色，整体氛围较温馨，能缓解患者的焦虑情绪。

图 2-43　住院大厅等候区色彩搭配　　　图2-44　出入院办理区色彩搭配

2）儿童医院可以考虑马卡龙色系，浅色系的马卡龙色能够使人心情愉悦，疗愈效果好，比较适合儿童医院。如图2-45、图2-46所示的儿童医院等候空间，采用儿童喜欢的蓝色、橙色、黄色、果绿色等色彩，显得空间生动活泼、富有童趣。

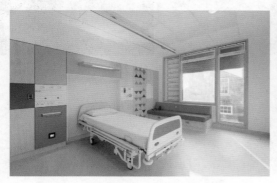

图 2-45　儿童医院等候区色彩搭配（一）　　图2-46　儿童医院等候区色彩搭配（二）

3）可以将中国传统颜色用于中医院空间，符合中医院的定位，也符合中式传统文化的审美。如图2-47、图2-48所示的中医院设计方案中的病房走廊和门诊走廊，在色彩上以中国传统颜色杏黄色、檀褐色为墙面主要色彩，局部点缀竹青色、茶褐色，营造温暖、静雅的环境氛围，具有中式意境美。

图2-47　中医院病房走廊色彩搭配　　　　图2-48　中医院门诊走廊色彩搭配

（4）用色彩划分功能分区　医院空间繁多，为了区分不同的空间属性，在设计时可通过色彩来区分不同的功能区域，或结合寻路系统强调建筑的交通流线和空间序列。为了让人们在医院中高效地移动，必须在整个空间中设置一套科学的标识系统。经研究发现，可以采用色彩与文字系统相结合的方法，引导人们辨识复杂的空间环境。这些特殊的色彩设计可以用于分诊指向，如住院部、急诊部等。如图2-49所示的某综合医院设计，为了便于患者识别，将医院用黄色、蓝色、绿色、紫色等颜色区分为不同的区域，并与电梯等交通工具联系在一起，具有很强的识别性。

图2-49　色彩区分功能

2.5.3　材质设计

装饰材料是医疗空间室内设计考虑的一个重要因素，装饰材料不仅要满足医疗空间使用需求，改善医疗空间环境品质，还要起到绝热、防潮、防火、吸声、隔声等要求。不同的装饰材料会赋予医疗空间不同的视觉观感，因此选用恰当的装饰材料是达到医疗空间装饰效果的关键一步。根据装饰部位的不同，建筑装饰材料可分为墙面装饰材料、地面装饰材料、顶棚装饰材料等（表2-20）。

表2-20　装饰材料类别列表

类别		材料
墙面装饰材料	涂料类	无机涂料、有机涂料、复合类涂料等
	壁纸、墙布类	塑料壁纸、玻璃纤维墙布、织锦缎等
	软包类	真皮类、人造革、海绵垫等
	人造装饰板	胶合板、铝塑板、PVC贴面装饰板、石膏板等
	石材类	天然大理石、花岗岩、青石板、人造石材等
	陶瓷类	墙地砖、马赛克、霹雳砖、琉璃砖等
	玻璃类	饰面玻璃板、玻璃马赛克、玻璃砖等
	金属类	铝合金装饰板、不锈钢板、铜合金板等
	装饰抹灰类	斩假石、水刷石、干粘石等
地面装饰材料	地胶类	橡胶卷材、PVC卷材等
	地板类	木地板、复合地板、塑料地板等
	地砖类	地砖、陶瓷马赛克等
	石材板块	天然花岗石、大理石、新型水磨石等
	涂料类	聚氨酯类、环氧类等
顶棚装饰材料	吊顶龙骨	轻钢龙骨、铝合金龙骨等
	吊挂配件	吊杆、吊挂件、挂插件等
	吊顶罩面板	硬质纤维板、石膏板、矿棉吸声板、铝扣板等

1. 地面材料

地面一般使用PVC塑胶地板、地砖、石材等材质铺地。

（1）塑胶类地面　塑胶类地面主要是指PVC类地面，是用聚氯乙烯材料生产的地板，是一种医疗空间常用的铺地材料，这种材料质感好、易清洁、耐腐蚀、耐磨、有弹性，走起路来不会打滑而且无声（图2-50）。

　　a）病区走廊　　　　　　　　　　　　　b）休息区

图2-50　PVC卷材铺地

PVC类地面可以分为卷材地板和片材地板两种形式。PVC卷材地板较为柔软，一般其宽度有1.5m、2m等规格，每卷长度有20m，厚度1.6~3.2mm不等。PVC片材地板规格较多，使用较多的是条形和方形两种规格，条形的规格主要有152.4mm×914.4mm、203.2mm×914.4mm等，方形的主要有304.8mm×304.8mm、609.6mm×609.6mm等规格，厚度在1.2~3.0mm不等。

PVC类地面从结构上分主要有多层复合型、同质透心型、半同质体型3种类型。

（2）地砖类地面　　地砖是一种常用的地面装饰材料，由黏土烧制而成，具有质坚、防水、防潮、耐磨、易清洁等特点（图2-51）。地砖按材质可分为釉面砖、通体砖、抛光砖、玻化砖、陶瓷马赛克等。地砖规格繁多，釉面砖规格主要有100mm×100mm、152mm×152mm、200mm×200mm、200mm×300mm、300mm×450mm等，厚度主要为5mm、6mm等；通体砖规格主要有108mm×108mm、200mm×200mm、300mm×300mm、400mm×400mm、500mm×500mm、600mm×600mm、800mm×800mm、900mm×900mm、1000mm×1000mm等，厚度主要有5mm、6mm、8mm、10mm、13mm等；抛光砖、玻化砖主要规格有400mm×400mm、500mm×500mm、600mm×600mm、800mm×800mm、

图2-51　地砖类铺贴

900mm×900mm、1000mm×1000mm等，厚度主要有8mm、10mm、12mm、15mm等；陶瓷马赛克规格主要有10mm×10mm、15mm×15mm、20mm×20mm、25mm×25mm、30mm×30mm、45mm×45mm等规格，厚度有4mm、5mm、6mm等。上面说的马赛克尺寸是单个马赛克颗粒的尺寸，出厂时一般都是铺贴成一联，一联的尺寸有300mm×300mm、310mm×310mm、330mm×330mm等规格。

随着技术的发展，目前陶瓷大板在医疗空间中应用得越来越多。陶瓷大板是一种由陶土、矿石等多种无机非金属材料经成型和1200℃高温煅烧等生产工艺制成的面积不小于1.62m²的板状陶瓷制品。陶瓷大板相比其他瓷砖产品，具有规格大、硬度大、性能稳定、安全牢固、环保健康、装饰性强等特点，可用于医疗空间的地面装饰。陶瓷大板的尺寸规格比较多样，主要有750mm×1500mm、900mm×1800mm、2400mm×1200mm、800mm×2700mm、3200mm×1600mm、3600mm×1600mm等，厚度主要有5.5mm、10mm、12mm、13.5mm、15mm、18mm、20.5mm等。图2-52所示的候诊区地面和病房走廊均采用陶瓷大板铺地，尺寸均为900mm×1800mm，厚度为5.5mm，采用柔和的白色和米黄色，颜色丰富，与墙面和顶棚的色彩统一。陶瓷大板装饰效果好、施工快、缝隙少、易于清洁，是比较好的装饰材料。

a）候诊区　　　　　　　　　　　　　b）病区走廊

图2-52　陶瓷大板铺地

（3）石材类地面　　医院大厅、电梯间等空间可以用石材铺装地面，石材色泽美观，有一定的纹理，给人以豪华感，容易使患者产生信赖感。常用石材一般有大理石、花岗岩等种类。

大理石又称云石，主要成分是碳酸钙，容易受风化腐蚀，因此一般用于室内装饰，不用于室外装饰（汉白玉除外）。大理石通常有明显的花纹和色彩，一般根据不同的色彩对其进行命名区分，如橙皮红、黑金花、大花白、啡网纹、红线米黄等（图2-53）。

a）橙皮红　　　b）黑金花　　　c）大花白　　　d）啡网纹　　　e）红线米黄

图2-53　天然大理石

医疗空间采用天然大理石装饰地面，具有颜色丰富、花纹美丽、抗压强度高、耐磨、耐久性强、易于清洁、加工方便等特点。如图2-54所示的国外某医院，地面采用了拼花条状的大理石，色彩丰富，爵士白、米黄色等大理石的色彩与墙面色彩遥相呼应，与空间暖色灯光色调一致，营造出温馨舒适的就医环境，石材的质感稳重踏实，增加患者信任感。

花岗岩为粒状结晶质岩石，主要的成

图2-54　拼花条状的大理石地面

分为斜长石、钾长石及石英。花岗岩坚硬致密、不易风化、颜色美观，外观色泽可保持百年以上，由于其硬度高、耐磨损、吸水性低，除了可用于医疗空间大厅等地面之外，还可以用于室外墙面、地面。花岗岩分类主要是按照产地及颜色命名，如印度红、啡钻、黄金钻、白麻、芝麻灰、黑金砂、济南青等（图2-55）。如图2-56所示的医院大厅和交流空间，医院大厅采用灰色和黑色花岗岩拼贴的形式，营造出美观舒适的诊疗空间；交流空间采用灰色的花岗岩，质感细腻，天然的色彩偏差形成了不同的色彩层次，装饰美观，与天然的木色墙面、座凳面共同营造出放松舒适的空间氛围。

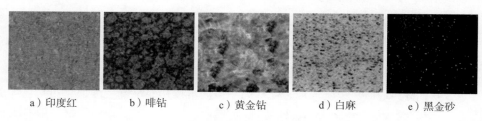

| a）印度红 | b）啡钻 | c）黄金钻 | d）白麻 | e）黑金砂 |

图2-55　天然花岗岩

a）灰色和黑色花岗岩拼贴地面　　　　　　　　b）灰色的天然石材铺地

图2-56　天然花岗岩铺地

（4）水磨石地面　水磨石是将碎石、玻璃、石英石等骨料拌入水泥粘接料中制成混凝制品后，经表面研磨、抛光制作而成的产品。以水泥粘接料制成的水磨石叫无机磨石，用环氧粘接料制成的水磨石叫环氧磨石或有机磨石。

目前水磨石的种类大概有两种，传统水磨石和新型水磨石，传统水磨石的特点是价格低、持久耐用，在20世纪八九十年代被广泛应用，现在广泛使用的是改良的新型水磨石材料。新型水磨石是使用特种水泥，再添加各种骨料，如玻璃、石英石、贝壳、大理石等可回收材料，最后经过打磨、抛光等工序完成的，具有硬度高、耐磨性好、色泽亮丽、绿色环保、不易开裂、易于清洁、耐酸碱、不起尘、使用寿命长等特点，同时具有色彩丰富的创意图案和自由灵动的设计感，装饰效果美观大方（图2-57）。

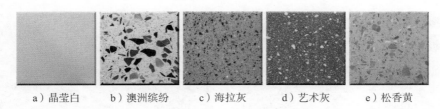

a）晶莹白　　b）澳洲缤纷　　c）海拉灰　　d）艺术灰　　e）松香黄

图2-57　水磨石铺地

新型水磨石在施工时可以实现无缝拼接，不用添加分格条，能够实现大面积无缝地面，表面平整，整体性强。新型水磨石地面有两种施工工艺，一种是现场浇筑水磨石，另一种是预制板材水磨石。现场浇筑水磨石是在施工现场将水磨石的原材料加工成水磨石成品的施工方式；预制板材水磨石是把工厂加工好的切割水磨石板材运到现场直接铺贴安装。新型水磨石施工完成后应该使用养护材料对地面进行结晶护理，能够保护地面，同时提高地面的亮度和光洁度，施工后的地面晶莹剔透，表面亮度可达90cd/m²以上。

在医疗空间中使用新型水磨石作为地坪材料，能够为患者提供良好的就医环境，利于患者的康复，而且其耐用性和易维护的特点也能给院方提供各种便利。如图2-58所示的某康复医院一层大厅的设计，门诊大厅入口设置景观池、服务台、休闲区，地面采用新型水磨石材料，流线型图案设计与弧形的康复大厅和休闲交流空间相呼应，整个空间通透流畅，为患者提供舒适的就医体验。

a）方案设计新型水磨石地面铺装　　　　b）施工完成后新型水磨石地面铺装

图2-58　新型水磨石铺地

（5）地毯　地毯是以棉、麻、毛、丝等天然纤维或化学合成纤维为原材料，经过手工或机械工艺的编结、栽绒或纺织而成的地面铺敷物。地毯具有吸声性能良好、弹性佳、质地松软等特点，给人舒适轻快的感觉，花色图案美观、装饰效果好，可以在比较高级的区域内使用，如医疗空间的VIP病房、VIP诊区等空间（图2-59、图2-60）。

图2-59　素色地毯铺装

图2-60　拼色地毯铺装

（6）**木地板**　木地板是指用木材制成的地板。由于木材是一种天然材料，所以是装饰材料中最有亲切自然之感的一种材料。木材具有天然生长而成的美丽的纹理色泽，尤其是锯切或刨开以后，这种纹理会带着光泽显现出来，犹如一幅美丽的画面，给人一种回归自然、返璞归真的感觉。除此以外，木地板还具有易于加工、隔声较好、脚感舒适、耐久性强等特点。

木地板种类较多，主要有实木地板、强化木地板、实木复合地板、多层复合地板、竹材地板、软木地板等种类。木地板在铺贴方式上也多种多样，除了常见的工字拼接方式外，还有席纹拼贴、鱼骨拼贴、人字拼贴等形式，铺贴方式的不同带来了室内空间装饰效果的迥异。在医疗空间中，可以在休息区、VIP病房等空间使用木地板（图2-61、图2-62）。

图2-61　休息区木地板铺地

图2-62　诊室木地板铺地

2. 墙面材料

医疗空间墙面装饰材料主要有乳胶漆、壁纸、石材、墙砖、木饰面板、防火板、抗倍特板、金属板、饰面玻璃等。

（1）**乳胶漆**　乳胶漆是以合成树脂乳液为基料，以水为分散介质，加入颜料、填料和助剂，经一定工艺过程制成的涂料。具有色彩丰富、调制方便、易于施工、耐碱性好、不易变色等特点，是应用非常广泛的墙面装饰材料。乳胶漆在医疗空间的诊室、病房等空间中应用较多，颜色一般清新淡雅，营造宁静整洁的氛围。如图2-63所示的某儿童康复理疗区，墙面采用明亮的绿色乳胶漆，空间氛围活泼生动，充满童趣。如图2-64所示的候诊空间，墙面采用白色乳胶漆，营造安静舒适的空间氛围。

图2-63　活泼生动氛围的乳胶漆色彩　　　　　　图2-64　安静舒适氛围的乳胶漆色彩

（2）木饰面板　木饰面板是将天然木材刨切成一定厚度的薄片，黏附于胶合板表面，然后热压而成的一种用于室内装修或家具制造的表面装饰材料，按照花纹和种类分为柚木饰面板，胡桃木饰面板、枫木饰面板、水曲柳饰面板、榉木饰面板等。木饰面板保留了天然木材的色泽和纹理，具有独特的魅力和天然的韵味，表面有良好的触感；经过处理的木饰面板可避免实木常出现的变形和开裂问题，稳定性强。常用的木饰面板规格为2440mm×1220mm，厚度为3mm。如图2-65所示，护士站背景墙采用木饰面板装饰，与病房门的材质一致，统一之中又有变化，营造出温馨舒适的病区环境。如图2-66所示，病区护士站在服务台和局部墙面使用了木装饰板，与墙面涂料相搭配，通过地面的蓝色铺装对区域进行虚拟划分，使护士站成为整个空间的中心。

图2-65　护士站木饰面板　　　　　　　　图2-66　木饰面板与涂料搭配应用

（3）抗倍特板　抗倍特板是木制纤维与热固树脂经高压聚合制成的高强度装饰板，是一种采用特殊技术合成的一体化着色树脂装饰面板，具有强度高、耐磨、防火、防菌、抗撞击、防静电、经久耐用、色彩丰富、可定制等特点，广泛用于医疗空间的室内墙面装饰之中（图2-67、图2-68）。

图2-67 绿色抗倍特板墙面   图2-68 白色抗倍特板墙面

（4）墙砖 墙砖是由瓷土或优质陶土烧制而成，装饰效果优雅别致，有正方形、长方形以及异形等形状，一般用于卫生间、污洗室、配餐室等空间（图2-69、图2-70）。

图2-69 医护用淋浴间墙砖   图2-70 医院公共卫生间墙砖

（5）饰面玻璃 饰面玻璃包括玻璃幕墙、装饰玻璃、玻璃砖等。玻璃幕墙是指整面墙都是玻璃结构，有明框式、隐框式、点支式等多种形式（图2-71、图2-72）。装饰玻璃是指装饰效果好的玻璃，如彩色玻璃、印刷玻璃等（图2-73、图2-74）。玻璃砖有空心和实心两类，均具有透光而不透视的特点，形状和尺寸比较多，外表面可以制成光面或带花纹的，有正方形、矩形以及各种异形，以115、145、240、300的正方形形状居多（图2-75）。弧形玻璃采用弧形截面，表面有垂直的线条装饰，与玻璃砖类似，都呈现出半透明的装饰效果（图2-76）。

图2-71　明框磨砂玻璃幕墙

图2-72　明框透明玻璃幕墙

图2-73　彩色玻璃墙面

图2-74　印刷玻璃墙面

图2-75　玻璃砖墙面

图2-76　弧形玻璃墙面

3. 顶棚材料

医院大都有非常完善的消防报警喷淋系统，而且各种供暖、供气、空调、供电管线基本都在顶棚内穿行，所以我们见到的医院基本上都有吊顶。顶棚的材料和做法比较多，如铝合金网格状吊顶板、铝合金板、石膏板、矿棉吸音板等。

（1）**石膏板**　石膏板具有质轻、耐火性能好、保温隔热、施工方便等特点，分为纸面石膏板和装饰石膏板两类，纸面石膏板一般用作吊顶的基层，必须做饰面处理，装饰石膏板装饰性较强，可直接安装在四周墙壁及顶棚上。如图2-77所示的某妇产医院休息厅，顶棚采用石膏板造型加乳胶漆饰面，造型简洁大气。图2-78所示为某儿童医院病房，吊顶整体采用石膏板，局部设计有曲面花朵造型并涂刷橘色乳胶漆，与地面的座椅色彩相呼应，整个空间充满童趣。

图2-77 石膏板造型加乳胶漆饰面

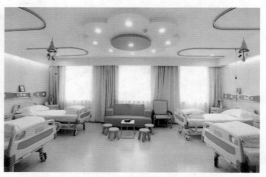

图2-78 有花朵图案的石膏板造型

（2）**矿棉吸音板** 矿棉吸音板具有吸声、防火、隔热、质轻等特点，而且可以制成各种纹理的图案和立体表面，具有一定的吸声功能，能够降低室内噪声级，改善医院的声音环境。如图2-79所示的ICU病房，走廊和隔间病房的顶棚采用矿棉吸音板，与灯具的尺寸吻合，整体性强，装饰效果好，吸声的作用使空间更加安静。

（3）**金属穿孔吸音板** 金属穿孔吸音板具有材质轻、强度高、耐高温、耐腐蚀、防火、防潮等特点，而且造型美观、色泽优雅、装饰效果好、安装方便。如图2-80所示的走廊，顶棚采用金属穿孔吸音板，具有一定的吸声功能，装饰效果较好，顶部显得轻盈时尚。如图2-81所示，大厅顶棚采用蓝色、白色相间的金属穿孔吸音板，色彩渐变具有层次，造型采用曲面格栅的波浪形式，具有很强的设计感。

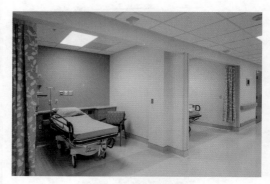

图2-79 矿棉吸音板

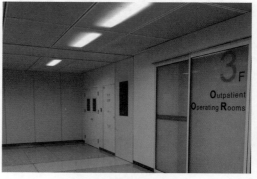

图2-80 金属穿孔吸音板

（4）铝合金天花板　铝合金天花板是由铝合金薄板经冲压成型而成，具有轻质、强度高、色泽明快、造型美观、安装方便等特点，有明架铝质天花板、暗架铝质天花板以及插入式铝质天花板三种类型。如图2-82所示的医院卫生间顶棚采用的就是铝扣板，整体性强、防潮、易于清洁、装饰效果干净大方。如图2-83所示的候诊区，顶棚采用铝格栅吊顶，与灯带组成一体化照明，墙面采用橘色，显得整个空间轻盈、时尚。

图2-81　金属穿孔吸音板格栅造型

图2-82　铝扣板吊顶

图2-83　铝格栅吊顶

（5）木饰面板　木饰面板一般用于墙体装饰，但是也可以用在顶棚上，形成墙顶一体化的整体效果或者是营造装饰氛围。如图2-84所示的走廊，护士站的墙面与顶棚都采用木饰面板，采用墙顶一体化的处理手法，地面采用木地板，与周边的走廊形成对比，营造出了领域感。如图2-85所示的顶棚，局部采用木饰面板装饰，与周边的白色顶棚形成叠级吊顶的效果，采用暖色灯带，使整个空间明亮温馨。

图2-84　木饰面板一体化吊顶

图2-85　局部木饰面吊顶

2.5.4 物理环境设计

1. 光环境

光环境包括自然采光和人工照明。自然采光不仅可以为空间提供光照，而且还可以起到杀菌消毒的作用，同时温暖舒适的自然光还可以帮助患者舒缓情绪、愉悦身心，缩短患者的康复时间。科学实验证明，患者在充满阳光的病房内的康复时间比在人工光源病房的时间少1/6。因此在医疗空间的室内设计中，门诊区、候诊区、病房等主要空间都应有自然采光，尽量避免黑房间。

人工照明在满足相关规范的基础上，应该尽量做到照度、色温设置合理，防止眩光的产生。传统的医院大厅光线暗淡、走廊昏暗，因此应该适当提高医院大厅的光照环境，提高空间的照度，提升医院环境质量。《医疗建筑电气设计规范》（JGJ 312—2013）中规定：医疗建筑照明光源颜色的色表征宜为中间色，其相关色温宜为3300～5300K。人工照明光源的色表特征宜与建筑色彩相适应。诊室、检查室、手术室和病房宜采用高显色光源，且手术室的光源显色指数（Ra）不应小于90，其他场所的光源显色指数（Ra）不应小于80。除此之外，医疗街是通往各个科室空间的主要通道，照明设备的显色指数要高于85，照度达到500lx，色温保持在2600～3000K。色温指数值与冷暖色表征的关联关系如图2-86所示，不同空间场所可参考选用的灯光色温值如表2-21所示。

图2-86　色温指数值与冷暖色表征的关联

表2-21　不同空间场所灯光色温值

色温表征	色温区间/K	适用场所
暖色调	≤3300	病房、候诊室、病房走廊、餐厅等
中间色调	3300～5300	医生办公室、诊室、治疗室、收费大厅、化验室、实验室、药房等
冷色调	≥5300	手术室、抢救室等

医疗建筑照明应避免产生眩光，这会对患者和有精细工作的医务工作者造成干扰。门厅、候诊区的统一眩光值（UGR）不应大于22，其他诊疗场所的统一眩光值不应大于19。对于病房及通往手术室的走廊，其照明灯具不宜居中布置，灯具造型及安装位置应避免在卧床患者视野内产生直接眩光。室内应避免同时采用明亮的直接照明与容易反光的地面铺地，避免产生眩光，应采用间接照明的形式或选用粗糙不易反光的地面铺装（图2-87）。

a）有眩光的空间 　　　　　　　　　b）无眩光的空间

图2-87　不同的光环境

2. 声环境

医疗空间的声环境主要从减噪和提供优美的背景音乐两方面来考虑。

（1）通过布局、吸声、隔声等技术手段降低噪声　首先，应控制噪声传播。绿化具有吸收与反射声波的作用，减噪效果十分显著，据测试，建筑周围的繁茂树木可以使噪声强度降低20～25dB，而一般城市噪音约在60～75dB，在医院的周围设置一定距离的绿化带，减缓噪声干扰的效果十分显著。其次，可以运用建筑材料与构造手段进行隔声减噪，如采用柔软的地面材料，降低因地面摩擦引起的各种响声；房间的隔墙、门窗采用隔声的材料与构造手法，皆可为患者创造良好的声环境，也可以使用吸声材料进行吸声减噪，以此来降低交谈时可能对他人造成的干扰。最后，建筑在设计时就应深入考虑如何创造良好的声环境，如平面布局做好动静分区，这也是减少噪声干扰的重要手段。

（2）在空间中适当布置优美的背景声　宜在医院街重点区域，如门诊大厅、中庭等空间引入具有疗愈性的音乐，可以是背景音乐，也可以是钢琴演奏等，通过声音营造疗愈的空间环境，但这些音乐声不能干扰医院的正常运行与信息传递（如广播叫号）。

2.5.5　标识系统设计

1. 标识系统的特征

1）好用：导向准确，级次清楚。

2）耐看：适当呈现医院的文化理念。

3）好看：充分调动视觉设计要素，每一块标牌的设计都经过仔细推敲。

4）协调：风格与建筑结构和空间环境相契合，醒目而不突兀。

5）合理：功能匹配，满足使用需求，符合人们的使用习惯和认知规律。

医疗空间室内应在较为完善的标识系统基础上，加入具有"意象感"的地标（如雕塑），以提供富有美感的寻路体验；在重要的交通枢纽区域安排专门的导航员作引导，以提供亲切、温暖的导航服务；针对儿童设计"寻路游戏"，以提供有趣、好玩的寻路体验；在室内设置导航自助机，以提供高效、智能的导航服务。

标识系统除可采用标识牌、专用符号等形式外，还可以利用墙面和地面的不同颜色表示不同科室，或在地上标示彩条指路，增强指向性，也可以结合计算机触摸屏等电子导诊查询系统使用。

医院中的标识还可以考虑采用"隐喻自然"的图形、文字设计，如采用类似太阳、草地、树叶的形状，以使信息也具有一定的"疗愈性"。

2. 医院标识的位置

标识的位置应设置在人流方向的正前方，或人眼很容易发现的地方，且放置位置要有规律。可以在一楼门诊设置空间信息标识（图2-88），楼层平面图和总平面图的作用是帮助患者及家属在入院后建立空间感，缩短寻找路线的时间，做到快速分流。在设备口、主入口、转折处设置局部信息标识（图2-89），悬挂标识或柱式标识要在距地面2m以上的位置设置标识信息，立式标识的高度要在人的视线水平线或稍高的位置。表2-22为医院标识导向分级结果，对于一级导向、二级导向、三级导向、四级导向的标识进行了说明，并对设置位置提出了要求。

图2-88　楼层信息标识

图2-89　悬挂标识

彩色线型标识已在现代医院中广泛应用，如急诊中的"生命线"等，由于线性标识是连续的，能动态地引导人流，所以现代医院经常在地面或墙面上以彩色线型标识来辅助交通疏导（图2-90）。地面提示标识也可以采用现代化的投影方式进行引导，可以在关键节点位置、卫生间等地面进行投影提示（图2-91）。

表2-22　医院标识导向分级

一级导向	二级导向	三级导向	四级导向
户外／楼宇标牌	楼层／通道标牌	各功能单元标牌	门牌、窗口牌
建筑单体标识 建筑出入口标识 医院道路指引标识 医院服务设施标识 医院总体平面图 医院户外形象标识	医院楼层索引 医院楼层索引及平面图 医院大厅及通道标识 医院公共服务设施标识 出入口索引	各医院功能单元标识 各行政、会议单元标识 各后勤保障单位标识	各房间门牌 各窗口牌 医院公共服务设施门牌

图2-90 地面彩色线型标识

图2-91 地面投影标识

　　室内标识系统应与室内环境相互协调，将文字、图形、色彩、空间位置、造型材料有机结合，达到简洁、连贯、整体、突出的特点，能够美化环境，体现医院文化内涵和艺术审美。如日本梅田医院设计的标识系统，为了更好地体现医院的人性化理念，设计师选择用布艺来传达温暖舒适的信号，将标识印刷在棉布上，棉布给人的印象是绿色、环保、舒适，从而营造出温馨的空间氛围，提高空间的辨识性（图2-92）。

图2-92 具有创意的环保标识

2.5.6 其他

1. 绿植

　　绿植是人类生产生活中接触甚多的自然元素，应考虑将这些自然元素应用于医疗空间中，给人们提供一个舒适自然的空间环境，突显医院的地方特色，让患者感觉像是自己家的医院，增加亲切感，同时也达到疗愈的功能。景观绿植的品种不应单调，摆放形式不应过于拘束规整，花盆颜色应明亮活泼（图2-93、图2-94）。

图2-93 走廊绿植

图2-94 咖啡书吧的绿植布置

2. 家具

座椅是医疗空间中用到的最多的家具，常见的是排椅的形式，这样布局方便规整，容纳的等候人数也比较多（图2-95、图2-96）。除了常见的排椅外，很多医院还会设置装饰效果比较好的座椅。座椅的朝向应侧对室外的自然景观，或采用双边或多边座椅，使患者既可以随时关注建筑室内的信息，又可以观赏室外自然景观（图2-97）。同时，座位不宜排布较满，应留有可站立观景的空间与轮椅使用者观景的空间（图2-98）。有较多儿童的科室（如眼科、儿科），其出入口须考虑儿童的特点，可布置符合儿童审美的人体工程学座椅，能够吸引儿童。

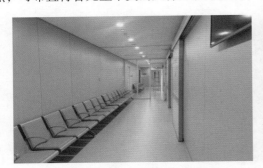

图2-95 二次候诊等候排椅

图2-96 共享大厅等候排椅

图2-97 具有设计感的可观看室外景观的座椅

图2-98 座椅排列与轮椅的空间关系

第3章
门诊部室内设计

　　门诊部是医院的前沿阵地，绝大多数到医院就诊的患者都是在门诊中得到诊断和治疗。过去我国的综合医院门诊部存在诸多问题，如环境拥挤嘈杂、就诊流线复杂、"三长一短"等问题比较突出。近年来随着人们健康观念的转变以及社会信息化步伐的加快，医院的医疗模式、管理水平、运行模式都在发生着新的变化，如果建筑的转变速度跟不上医院模式转变的速度，医疗空间便满足不了使用者的需求，也就不能实现以患者为中心的、功能高效的医疗空间室内设计。因此在进行设计时，应考虑使用者的需求，重视医院门诊的人性化设计，提升患者的就医体验，提高医护人员的工作效率。

3.1　功能空间布局

　　门诊部是医疗建筑中的诊断部门，包括各科室（内科、外科、儿科、妇科、五官科、口腔科、皮肤科、中医科等）的诊室、治疗室、检查室等，还包括挂号、收费、结账、药房、卫生间、门诊大厅等公共空间以及超市、咖啡店、花店、餐厅等商业服务设施。

3.1.1　空间组合

　　门诊部包括不同的科室，在空间组合上可以通过大厅、医疗街将各个科室组合起来，有街巷式、庭廊式、套院式、厅式、板块式等不同的空间组合方式（表3-1）。

表3-1　门诊空间组合类型

序号	类型	特点	图示
1	街巷式	大厅与各候诊厅之间以"街"联系，各科室内部以"巷"联系。街（大道）较长（>50m）、较宽（>6m），巷（小道）较短（约30m）、较窄（约4m）。优点：交通便捷	小道　大道　各科室

序号	类型	特点	图示
2	庭廊式	大厅与各候诊厅之间以中庭和小道联系。优点：交通一目了然，创造的室内环境比较好	小道 中庭 各科室
3	套院式	大厅与各候诊厅之间以大道联系，科室内部以院落组织。优点：通风采光好。缺点：路线较长，方向感不明确，占地面积大	小道 庭院 大道 各科室
4	厅式	大厅与各候诊厅直接联系，各科室围绕大厅。优点：交通短捷，大厅环境好。缺点：交通易混乱，科室的独立性不容易保证	小道 大厅 各科室
5	板块式	大厅与各候诊厅之间以走道和厅联系，各科室紧密相连，采用人工照明和全空调系统。优点：平面紧凑，缩短流线。缺点：没有自然通风，许多房间是黑房间，医疗人员的工作环境很不好	小道 大厅 各科室

3.1.2　设计要求

1）门诊治疗室是患者接受专科检查的场所，需要根据各个专科的特殊要求进行设计。如果心内科的规模较大，可将心功能系列检查，如心电图室、平板运动间、食道调搏室、动态血压室等设置在内科门诊附近。

2）候诊区、诊室走道之间最好有隔断，应避免出现横向过大的贯通空间。

3）设置智能化自助服务，如自助挂号、付费及取药等，采用分散式挂号、集中划价和取药的方式。设置电子挂号、取药、叫号系统。实施诊间预约，除需要特殊准备的辅助检查需预约外，辅助检查项目基本能当天完成。

4）门诊各科室要有短捷的分流路线，护士站位于候诊区和诊疗区之间，兼具分诊、导诊、咨询等功能。候诊室面积以患者的候诊量为依据，采用分科二次候诊形式设计，候诊室具有一定的私密性、休闲性，是动静兼具的空间。候诊室应方便患者观察和进出，便于医护人员管理，满足通风采光及景观要求。

5）门诊各个功能单元采用单元标准模块化设计，诊室采用一医一患的就诊模式，门诊各个单元的公共区、医护辅助区位置适当，尽可能共享，要设置供医护人员中午休憩和交流的阳光空间。

6）公共辅助空间内应设置小示教室，满足教学需要。

7）需要合理考虑医生流线、患者流线、物流流线。

8）合理规划各科患者的一次候诊空间与二次候诊空间。

3.1.3 空间组成

门诊部包括内科、外科、儿科、妇科、产科、眼科、口腔科、耳鼻喉科、中医科、皮肤科、全科医学科等科室（表3-2）。

表3-2 门诊部空间组成

科室		主要空间	科室	主要空间
内科	呼吸内科	诊室、肺功能检测室、治疗室	眼科	诊室、暗室、治疗室、处置室、检查室、斜弱视治疗室、验光室、制镜工作室、库房、镜架展示区、收发等候区、近视治疗中心等
	消化内科	诊室、检查室	口腔科	大空间诊室、单人诊室、种植室、正畸室、修复治疗室、拍片室、洁牙中心、材料室、石膏室、技工室等
	心内科	诊室、检查室	耳鼻喉科	诊室、测听室、助听器验配室、嗓音中心、治疗室、喉镜室、前庭功能检查室、听性脑干反应检查室等
	肾内科	诊室、治疗室	中医科	诊室、针灸治疗室、推拿室、艾灸室、中药熏蒸室、理疗室等
	内分泌科	诊室、治疗室	康复科	康复评定室、三维步态评估室、蜡疗室、理疗室、光疗室、作业治疗室、运动治疗室、语言治疗室、康复辅具室、辅具展示室等
	血液科	诊室、骨髓穿刺室	整形美容科	诊室、检查室、咨询室、激光治疗室、门诊手术室、注射室、观察室、换药室等
	神经内科	诊室、检查室	皮肤科	诊室、检查室、理疗室、激光治疗、冷冻治疗室、其他治疗室等
外科	普通外科	诊室、治疗室	疼痛科	诊室、治疗室
	骨科	诊室	MDT门诊	诊室、多学科会诊中心、治疗室
	泌尿外科	诊室、男科诊治室、取精室	风湿免疫科	诊室、治疗室
	肝胆外科	诊室、治疗室	药学门诊	诊室、实验室
	创伤外科	诊室、治疗室	老年医学科	诊室、治疗室
	神经外科	诊室、治疗室	全科医学科	诊室、治疗室
	胸心外科	诊室、治疗室	营养门诊	诊室
	肿瘤科	诊室、治疗室	精神心理科	诊室、心理治疗室、心理测验室、心理咨询室

科室	主要空间	科室	主要空间
妇科	诊室、检查室、隔离诊室、冲洗室、盆底治疗室、感染治疗室、人流手术区（术前准备室、手术室、宫腔镜检查室、治疗室、处置室、洗消间、术后恢复、无菌库房、医护卫生通过等）	MMC代谢性疾病管理中心	诊室、治疗室、临床检测中心、患者宣教中心、数据中心
产科	诊室、检查室、隔离诊室、羊水穿刺室、胎心监护室、吸氧室、孕产妇学校、脐血流检查室、建卡室等	护理门诊	便民诊室、PICC维持室、PICC穿刺室、伤口护理诊室、造口/护理诊室
儿科	诊室、雾化治疗室、肺功能室、隔离诊室、隔离检查室、隔离卫生间、单独的候诊大厅、儿科药房、检验采血室、换药室、哺乳室、儿童游戏区等	特需门诊	候诊区、诊室、卫生间、检查室
门诊大厅	药房、挂号收费区、自助区、导诊台、候诊、公共卫生间等	医护辅助区	主任办公室、医护休息室、男更衣淋浴间、女更衣淋浴间、男卫生间、女卫生间、污洗室等

3.2 流程要求

门诊部的流程设计的重点主要是提高就诊效率，注重信息化技术的应用，避免患者往返迂回，让患者在最短时间、最短距离中完成诊疗，同时最大限度地防止交叉感染的发生。

3.2.1 就诊流程

门诊传统的就诊流程包括挂号预约、候诊、检查、治疗、取药等流程（图3-1）。

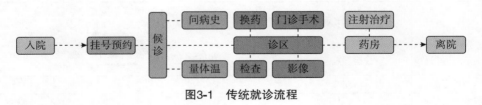

图3-1 传统就诊流程

想要避免患者在门诊多次往返，提高患者的就诊效率，应该运用网络和信息化技术，结合门诊空间的合理设计，使患者能够在最短时间、最短距离以最快速度顺利完成就诊流程。如增加自助挂号、自助收费的设备，将划价、收费窗口和中西药房窗口邻接，就诊量大的科室放在明显易找的位置。现代化的门诊就诊流程如图3-2所示。

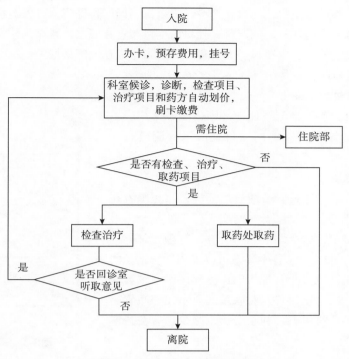

图3-2　现代化门诊就诊流程

3.2.2　流线要求

1. 避免交叉感染

门诊分流包括人车分流、传染患者和非传染患者分流、儿童患者和成人患者分流、体检人群和普通门诊患者分流等。

一般乘车患者虽人随车至，但车行道、人行道必须区分清楚，且停车场的出入口和门诊主要出入口应有一定安全距离，保证上下车时患者及步行患者的安全。

传染患者和非传染患者应有各自的活动范围，传染患者可以到医院的公共卫生中心（包括发热门诊）就诊，宜单独设置出入口，且出入口应设置在隐蔽的位置，挂号、收费、取药以及有传染患者参与的医疗设施都应该独立配置。

体检门诊面向的是健康人群，不与患者混在一起，应单独设置出入口，避免健康人群感染病菌。

儿科门诊的入口应与成人患者的入口分开，设置独立的出入口，挂号、收费、取药、采血等最好都独立配置。

2. 流线便捷

从医院门诊部就诊流程来看，大量的人流进入门诊大厅以后，迅速疏导人流尤为重要，应按就诊程序安排好各空间的次序，避免患者来回往返。

为使患者不过于集中，内科、外科、中医科、妇产科等门诊量大的科室不宜靠得太近，有特殊要求的儿科、妇产科、外科应尽量布置在底层，紧靠门诊大厅布置，以压缩流线距离，内科、中医科、五官科等可适当布置在上部楼层。门诊大厅与医院主街连接，形成短捷、明确、流畅的门诊交通流线。

3. 医患流线独立分化

在布局时，为保证流线便捷清晰，医患流线应尽量分开设置，减少交叉，门诊科室医患分流模式如图3-3所示。

4. 尽端设置

为了营造一个比较安宁的诊疗环境，防止患者在各科室之间穿行，减少患者之间交叉感染的机会，最好将各个科室布置成尽端形式，既方便管理，又能避免交叉感染（图3-4）。各个科室可以采用厅廊结合的二次候诊形式，让房间安排与门诊流程协调一致，保证顺序流畅，减少迂回。互有联系的科室相邻布置，以便形成专病专科中心，利于会诊，减少患者在科室间的往返路途。

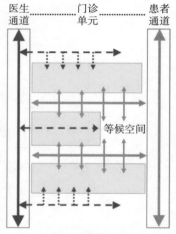

图3-3 医患分流

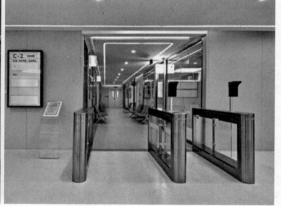

图3-4 尽端设置

3.2.3 信息化

《国务院关于印发"十三五"卫生与健康规划的通知》（国发〔2016〕77号）指出：发挥信息技术优势，推行电子病历，提供诊疗信息、费用结算、信息查询等服务。完善入院、出院、转院服务流程，改善患者就医体验。

为减少患者就医时间，应简化就诊流程，或尽量让就诊流程的环节在移动设备端完成。挂号、缴费、就诊等环节可以通过手机中的医疗平台实现，借力"互联网+"

推进预约诊疗，提供微信、支付宝等多种预约方式，推动就诊线上线下融合，提前预约精确就诊时间，减少患者候诊时间，医生开处方后患者可在附近智能终端机上缴费，也可以通过手机缴费，避免多次往返奔波。患者通过排队叫号系统取药，也可以节省一定时间。远程医疗和可移动监控设备将打破时间空间限制，让患者隔空就医，不再需要专门到医院就诊。互联网医疗模式将大大减少患者的就医时间，让患者在最短的时间内实现最高效率的就诊。由此可见，互联网下的信息化就医模式与传统就医模式相比有了很大的变化，就医更加便捷，效率更高，就医体验更好（图3-5）。

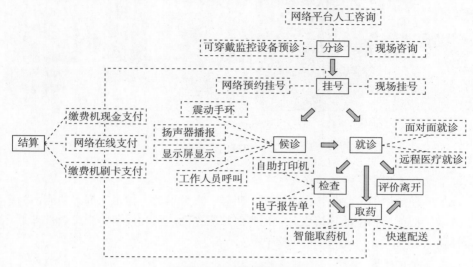

图3-5　信息化就诊流程

1. 多功能自助服务设备

患者就诊过程中可以使用多功能自助机完成门诊全过程自助服务，包括自助挂号、自助发卡、自助充值、自助缴费、打印发票等。多功能自助机降低了线下收费窗口的排队压力，让越来越多的患者享受到自助服务带来的便捷，使就医流程悄然发生改变（图3-6）。

a）自助挂号收费设备　　　　　　　b）自助出院结算设备

图3-6　多功能自助服务设备

2.智慧门诊药房

设置自助排号系统，在人工智能的帮助下，系统会自助对门诊药房信息进行审核，发现明显错误会再次进行人工审核，合格处方会自动发药。在药房内设置全自动发药机，提高医护工作人员工作效率（图3-7）。

a）自助排号取药　　　　　　　　　　　　b）自动发药机

图3-7　智慧门诊药房

3.智慧分诊导诊

设置各种导诊屏幕，包含信息发布、叫号、宣教示教、物价问询等功能，为患者提供高效、便捷、精准的导诊服务，提高医疗服务的质量和效率，为患者带来更好的就医体验。

4.智能导诊就医

考虑到未来医院的可持续发展，可设置全流程导诊AI机器人，基于智能语音技术和自然语言理解技术，智能导诊AI机器人能通过与患者进行语音交互完成院内的智能分诊。

5.智能检查设备

在未来，随着智能技术的不断成熟、智能化设备价格和运行费用的下降，门诊科室中不仅将会有挂号、收费、检测报告的智能设备，可能还会集成更多的功能，如各种小型数字化医技设备在门诊中的使用，增加一些医技检查和治疗功能，自动物流系统的大量应用，还会增加常规化验站点和取药站点等。

总之，未来患者的就诊流程将更便捷，随着信息化技术的普及使用，门诊大厅功能的综合性将逐渐减弱。在未来的门诊部设计中，很多主要科室会设计成独立式布局，设置独立出入口，人流直接由广场分流至门诊各主要科室，再分流至诊室，及时分流，简化就诊流程。

医院和医院之间也应充分利用智能技术，积极开展远程、流动医疗服务。各级医院应加强合作与联系，利用信息网络实现数据交换和资源共享，特别是技术实力雄厚的大型医院，应积极对基层医疗机构进行技术指导，给予技术支持，共同促进整个社会医疗体系的完善和健康发展。

3.3 色彩材料搭配

3.3.1 色彩设计

前面的章节已经整体讨论过医院色彩设计的原则和要求，在门诊部室内设计中，如果能够正确运用色彩，将有助于缓解疲劳、减少紧张感、调节心理情绪，合适的色彩设计搭配也能够对患者起到一定的疗愈作用。

经过调研发现，门诊患者和医护人员最喜欢的颜色是白色、蓝色、绿色，无论男性还是女性。粉色在女性统计中排列第四，青色在男性统计中排列第四。因此在女性较多的科室，如妇产科，可以加入一些粉色调的环境色；在男性较多的科室，如外科、男科等，可以加入一些青色调。门诊室内空间配色应统一协调，个别区域如有特殊的色彩对比需求，须根据环境进行色彩搭配。

1）门诊公共空间应该以明度高、彩度低的浅色为基础色调，局部的色彩变化应符合与整体大基调和谐的原则。淡雅温馨的色调能够有效帮助患者减轻心理痛苦与压力，缓解医务人员的疲劳感（图3-8）。

图3-8 淡雅的门诊大厅色彩搭配

2）等候区的患者多处于焦虑、急躁、不安的情绪中，采用黄色、米色等暖色系色彩，可以使患者心情愉悦、情绪积极。冷色系的色彩，如蓝色、紫色等，能够起到镇静舒缓的作用，也适合在等候空间中使用。绿色给人生机勃勃、安全舒适的感觉，对安抚患者情绪十分有效（图3-9～图3-11）。

图3-9 暖色系等候空间

图3-10 绿色系等候空间

a）门诊大厅色彩设计　　　　　　　　b）等候空间的艺术玻璃墙

图3-11　公共空间色彩设计

3）在同一色彩区域内，细节（如顶棚、踢脚线等）的设计应注意与大环境保持一致，不能太跳脱，避免形成视觉冲击，引起就诊者烦躁等不良情绪。

4）不同就诊者会去往不同的空间，在色彩搭配上也要对空间有一定针对性的处理。儿童对色彩的感知性很强，因此在儿童门诊空间中多使用一些色彩元素。儿童更偏爱暖色调，如黄色、红色等，单纯的色彩更能引起年龄较小的儿童的注意，色彩可以考虑以单一色彩块面为主，对于年龄稍大的儿童，需要考虑稍复杂的艺术形式，如卡通人物、雕塑等（图3-12）。

a）儿科门诊走廊的卡通图案　　　　　b）儿科门诊走廊卡通色彩

图3-12　儿科门诊走廊色彩设计

5）寒冷或者背阴的区域宜采用暖色调；温暖或者向阳的区域宜选取冷色调，但是颜色不宜过重，避免给就诊者清冷、孤寂的感觉。

6）识别系统应具有统一性和可识别性，标牌大小、字体等应统一，色彩应明亮，与环境色有一定的对比。老年人视力较弱，难以区分相近的颜色，如浅黄色和白色、深蓝色和黑色等，设计时应突出对比效果，如使用深一些的颜色为背景色，选择白色等亮度高的颜色作为字体（图3-13）。根据儿童的视觉特点，标识系统可以考虑较有趣味性以及艺术化的处理方式。如放大电梯楼层数字并使用趣味性色彩，吸引儿童注意力（图3-14），在电梯厅的合适位置安排功能指示牌，便于患者了解行进路线与信息，充分利用标识牌的色彩和材质，吸引患者的注意力，增加体验感（图3-15）。

图3-13　识别系统色彩

图3-14　跳跃的色彩吸引儿童注意力

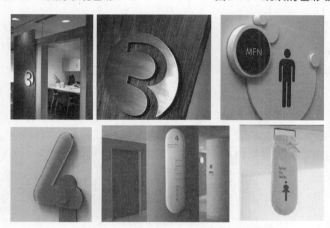
图3-15　标识牌的色彩和材质效果

3.3.2　材料选择

1.地面材料

门诊部由于人流量大、环境嘈杂，地面材料要有较强的抗污能力，要耐磨易清洗，能有效降低噪声并有防滑效果。为了避免交叉感染现象的发生，医院对环境卫生有严格的要求，地面材料需要有良好的抗菌、抗酸碱能力。门诊大厅、电梯厅等地的地面可使用花岗岩、大理石、防滑地砖等耐磨材质，在铺贴时可以在色彩和花色上多有变化，取得美观的装饰效果。诊室等空间的地面可采用PVC卷材、橡胶地板等材质，也可以多种颜色组合搭配（图3-16）。

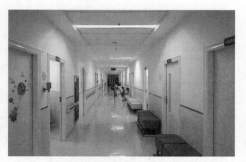
图3-16　二次候诊区的地面采用PVC卷材

2. 墙面材料

门诊部对墙面装修材料的要求有防火、防尘、耐腐蚀、易于清洁、使用年限长等。门诊大厅、电梯厅的墙面、柱子可选用石材、墙砖（也可地砖上墙）等材质，诊室可采用抗菌型乳胶漆、防火壁纸、抗倍特板、防火板等材质，一次候诊空间可以使用与大厅一致的材料，也可选用与诊室一致的材料，采用抗倍特板、防火板、乳胶漆等（图3-17）。

图3-17　墙体材质选用乳胶漆、磨砂玻璃的门诊空间

3. 顶棚材料

门诊顶棚可采用轻钢龙骨石膏板、硅钙板、矿棉吸声板等材质，公共走廊、处置室等可采用硅钙板、矿棉板等做吊顶，诊室可采用石膏板刷乳胶漆、矿棉板等材质（图3-18），卫生间等区域可选用铝扣板整体吊顶。

图3-18　采用矿棉板吊顶的诊室

3.4　物理环境设计

3.4.1　光环境

1. 自然采光

适度的自然光照能够调整身体机能、促进新陈代谢、有效抑制细菌的感染和传播，诊室及公共空间尽量放在南向，这样就诊者能更好地感受自然的光照和温度，提升就诊的舒适度。

（1）**采光标准**　门诊自然采光标准如表3-3所示。

表3-3　医院门诊自然采光标准

采光等级	房间名称	侧面采光		顶部采光	
		采光系数标准值/（%）	室内天然光照度标准值/lx	采光系数标准值/（%）	室内天然光照度标准值/lx
IV	候诊室、挂号处、大厅、办公室等	2.0	300	1.0	150

（2）采光形式

1）侧面采光：门诊大厅作为入口空间，一般采用大面积的玻璃幕墙引入自然光，窗地面积比、遮阳形式等会影响空间环境的舒适度（图3-19）。

2）顶棚采光：中庭式的门诊大厅常选用顶棚进行自然采光。如图3-20所示的医院公共空间，采用顶棚采光的形式，为了避免眩光和影响美观性，顶棚上使用了很多具有精心设计的穿孔图案的铝板，悬挂高度错落有致，阳光透过玻璃屋顶及金属板，在墙面和地面上形成丰富的光影变化。

3）综合采光：侧面与顶棚都能采光的采光方式，缺点是室内易产生眩光，保温隔热措施不足的话易导致冬冷夏热。

4）走廊采光：一般情况下走廊两侧为功能房间，除了走廊尽端开窗采光外，再无其他自然光来源。在无人工照明的情况下，走廊一般照度较低。因此对于走廊这种长宽比较大的带状空间，应当增加自然采光的设计（图3-21）。

5）避免黑房间：门诊部应尽量做到没有黑房间。在确实无法满足要求的情况下，应尽量优先保证重要功能部门的采光通风。

2. 人工照明

人工照明是医院门诊部夜晚的主要光源，人工照明的光源应提供柔和、间接的光线，避免产生眩光。

1）根据光效、色温、显色性、功率大小合理选择照明光源，建议选用LED光源。

2）应选择具有防眩光功能的灯具。

3）光源色温应根据空间视看要求而定：视看要求较高的空间，建议色温选择5000K以上；视看要求不高的空间，色温可小于4000K。

4）建议根据各部门分诊台、导诊台的功能要求细化照度标准值，导诊台和门诊部分诊台的照度值应在200～300lx。如图3-22所示的候诊空间，顶棚上装有分布均匀

图3-19　大厅侧面采光

图3-20　顶棚采光

图3-21　走廊采光

的防眩光的灯具，给整个空间提供均匀的照明，分诊台上部有重点照明，增加了台面的局部照度。

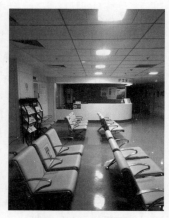

图3-22　人工照明

3.4.2　声环境

门诊空间的声环境主要为乐声和噪声，噪声主要有人的嘈杂声、设备运转声、医院外部噪声对室内的干扰等，噪声过大会给就诊者带来困扰，引起烦躁的情绪。柔和的音乐声能够平复患者的情绪，辅助患者恢复健康。经调研发现，患者及陪护人员最喜欢舒缓的音乐声，其次是自然界的声音，也有很多人希望拥有一个安静的医疗环境。在门诊空间设置声环境，应注意以下5点。

1）从根源上杜绝噪声的影响，如儿科诊室可独立设置，既保护了儿童，又防止儿科的声音对其他空间造成干扰。对容易产生噪声的设备及设备用房，在比较隐蔽的区域设置隔声装置。

2）尽量降低人流产生的噪声，在平面布局上应动静分区，对需要安静的空间应单独布置或安排在尽端，通过信息化技术的介入，减少人流往返流动，尽量保持门诊公共空间安静的声环境（图3-23）。

3）室内要防止外来噪声的干扰，选择门窗等结构时应考虑其气密性，减少噪声的传入。室外要限制车流的行驶范围和时间，减少噪声的干扰。

4）地面铺设选取噪声小的软性材料，减少人流行进时产生的噪声；顶棚装饰材料可以选用吸声材料，如穿孔金属板、矿面吸音板等；对可移动的家具设备加设防噪声软垫（图3-24）。

图3-23　尽端布局

图3-24　吸声材料

5）可适当增加环境背景音乐。一是通过广播系统的设置，适时、适当地播放柔和的、音量不大的背景音乐，缓和就诊者的烦躁情绪；二是在大厅等合适的空间放置钢琴等设施，适时开展文化艺术活动，提升门诊空间的品质。

3.4.3 嗅觉环境

医院门诊空间，尤其是门诊大厅，人流繁多，空气中混杂着消毒水味、建筑装修材料残留的气味，如果空气流通不好，门诊部的气味会更加难闻，严重影响患者的就医体验。为了净化这些无法避免的气味，医院可以在室内环境中加入一些香气趋避不良气体。可以是清爽的薄荷香、芬芳的花香、甜甜的水果香或者是淡淡的咖啡香，这些气味能对医院嗅觉环境有实质性的改善和提升。

1. 减少不良气味的产生

卫生间等容易产生气味的空间应考虑合理的位置设置，设置前室，使卫生间不直接面向大厅开口。卫生间内部除了要有良好的自然通风外，还应设置加强型的通风换气系统，并加强卫生清洁管理，及时处理垃圾、清洁环境，喷洒气味合适的芳香剂，提高空气质量。

2. 装修选择绿色环保材料

装修材料选用不当会产生刺激性的气味，影响患者和医护人员的身体健康。因此在装修时应选择甲醛指标合格的绿色材料，尽量使用天然材料，使医院本身成为无害的"绿色建筑"。

3. 设置空调新风系统

医院门诊部应配备良好的新风系统和空调系统，及时清理污物并加强通风换气，也可考虑在空调机、新风入口处设置存储空气清新剂的设备，为空间输送宜人的香气，提高嗅觉环境的舒适度。

4. 增强空气流通

设计门诊空间时，尽量减少黑房间，尽量使房间能够开窗，保持空气流通，开窗也能增加患者与自然环境的接触，使患者心情放松。在空气流通不足、患者活动范围较少的空间，可适当使用空气清新剂提升空间的嗅觉环境。

5. 设置绿化

设计门诊空间时应适当设置景观绿植，提升空气质量。也可将鲜花礼品店等设置在大厅中，鲜花释放的花香也可以提升空气质量（图3-25）。

6. 设置咖啡厅等设施

面包房、咖啡厅等服务设施不仅提供了便利的服务，同时从这些空间飘出的香味也能够有效改善嗅觉环境（图3-26）。

图3-25 门诊大厅绿化

图3-26 门诊大厅设置咖啡厅

3.5 人文环境设计

3.5.1 绿化

将绿化景观引入室内也是一种改善室内环境、病患就医体验的方法。因为疾病容易让患者陷入压抑、忧郁的情绪中，而绿色植物能激发患者对生命积极乐观的态度。有调查表明，当人的视野中约有25%的绿色时，人会感到愉悦和温馨。

研究表明，人们更喜欢在有领域感的区域逗留，空间需有一定边界，可以由此设置一个有特色的自然景观，配以水池、喷泉、雕塑、花坛、绿植等，塑造轻松、愉悦、恬静的空间氛围，吸引就诊者停留，增加就诊者之间交流的可能。

栽植植物能够很好地增加医院的香气，这些植物散发出来的香气也有一定的医疗功效，因此将香气运用在门诊空间的嗅觉环境设计中是一个比较好的方案。如芝加哥儿童医院的室内花园设计，设计师调动了视觉、听觉、嗅觉等多方位的体验。视觉体验上，通过树脂墙、竹林、石头、回收的木材以及玻璃窗给孩子们提供了一个丰富的视觉体验。轻柔的水声和摇曳的竹林声给孩子们带来了大自然的声音（图3-27、图3-28）。

图3-27 自然舒适空间

图3-28 绿化疗愈环境

3.5.2 其他人文元素

1）在营造人性化环境时，可以通过设置家庭化的沙发、书桌、台灯、茶几、墙壁装饰等细节，营造出温馨亲切的氛围。

2）卫生间等容易忽略细节的地方可以考虑一些人性化设计，如挂画、植物等。

3）提供充电、商服自助等设施（图3-29、图3-30）。

图3-29 充电设施

图3-30 商服自助设施

4）针对不同的患者人群进行设计。如考虑儿童患者，可以在就诊空间中加入一些趣味性元素，创建有居家氛围的空间，不仅能增进患儿对于空间的亲切感，同时还能提高他们的安全感，减缓焦虑和压力。可在空间中加入丰富的卡通图案、儿童卡通镜子等，考虑铺地设计的趣味性，通过图案、色彩等变化丰富地面的装饰性以及趣味性（图3-31、图3-32）。

图3-31　空间趣味性元素

图3-32　儿童卫生间的卡通元素

3.6　无障碍设计

在医院门诊设计中注意无障碍设计可以为行动不便的就诊者提供舒适的就诊环境，可以做到的细节有很多，主要包括门诊出入口、门、坡道、盲道、电梯、室内走道和扶手等。

3.6.1　出入口

1）位于出入口的室外大门宽度宜大于1.5m，为了方便患者进出门诊大厅，门宜采用感应式自动门，不适合用弹簧门等。

2）采用自动门时，门开启后其通行净宽度应不小于1.0m，采用其他门时则不小于0.8m。

3）门扇应方便开启，完全开启后其前后方应留有不小于1.5m的供轮椅回转之用的空间。

4）入口处的门不宜设有门槛，设有门槛时，其高度不应大于0.015m，要以斜面过渡。

5）出入口大门宜采用感应式自动门，旁边留有疏散门，如果采用全玻璃门，需要贴有醒目的防撞提示。

3.6.2　门

患者在门诊中常使用诊室门、卫生间门，诊室内的门在完全开启之后宽度应大于

0.8m，方便轮椅或病床顺利通行，门扇的颜色宜与周围墙壁有所区分，方便视弱患者识别。

3.6.3 坡道

《无障碍设计规范》（GB 50763—2012）中规定：一般坡道的净宽度不应小于1m，小于1m则不便于患者通行，需要轮椅通过的坡道不应小于1.2m。对于乘坐轮椅的患者，一般供轮椅使用的坡道坡度应不大于1：12，空间较为狭小局促的地段坡度应不大于1：8。

室内空间设置无障碍坡道时，坡道侧面凌空时应在扶手下端设置高度不小于50mm的安全挡台，坡度最好做成1：16或1：20，更为舒适安全，坡道表面平整不光滑。

3.6.4 盲道

盲道是医院盲人或视力缺陷患者最需要的无障碍设施，但在调研过程中发现，盲道是医院最容易忽略的地方，盲人或者视力缺陷的患者在室外盲道的引导下能够较为顺利地找到目的地，但是到了医院后因为盲道中断，反而无法顺利进入门诊室内。

盲道应从医院外部道路延伸到医院内部，从室外延伸至室内，不应突然中断，在门诊咨询台、交通岔口等地方应适当考虑盲道，以方便患者顺利抵达目的地。医院大厅常采用石材或者地砖等地面材料，因此在盲道的选择上宜使用金属材质，如不锈钢盲道。医院内部并不是所有位置都需要盲道，一般先从城市的盲道延伸到医院无障碍坡道入口处，盲人患者进入室内后会寻找咨询台或者挂号处，因此盲道宜铺设到咨询台和挂号处。挂完号之后，盲人患者会寻找电梯从而到达诊室，因此盲道应当铺设到电梯口，走道空间和诊室门口也应当铺设盲道（图3-33）。

图3-33　电梯前盲道

3.6.5 电梯

电梯的候梯厅宽度应不小于1.5m，电梯内部尺寸最小规格进深应不小于1.4m，宽度不小于1.1m，运送病床的电梯，进深不小于1.8m。为了方便轮椅进入，电梯门宽度不小于0.9m，电梯的轿厢门开启后的净宽度不小于0.8m，电梯出入口前应设置提示盲道。

考虑无障碍设计要求，大厅电梯轿厢上应设置带盲文的选层按钮，高度为0.9～1.1m，便于乘坐轮椅的患者使用，应设有报层装置和显示电梯层数的指示灯，轿厢内三面侧壁应设置高度为0.85～0.9m的扶手，电梯入口处应当设置易于观察的无障碍标志。

3.6.6 低位设计策略

1. 低位服务台

在设计服务台时要设置两种高度，一种较高的服务台为普通患者使用，另一种则是为乘坐轮椅的患者或者有需要的患者使用，台面的下部常预留一定空间供乘坐轮椅患者进入。服务台台面的高度常为 0.9~1.2 m，低位服务台台面的高度常为 0.7~0.8 m 高（图3-34、图3-35）。

图3-34　高低位服务台　　　　　　　　图3-35　低位电话

2. 智能低位设备

普通智能设备在底部未设置足够空间以方便乘坐轮椅患者腿部活动，操作台面过高不便于乘坐轮椅患者操作。智能低位设备在满足预约挂号、诊室导航的功能之余，应当在设计上考虑到人体工程学的内容。普遍的挂号机高度在 1.45~1.65m，以1.65m高的挂号机为例，挂号机操作台面的高度为0.825m，而低位挂号机的台面高度为0.7~0.8m，台面高度较为符合乘坐轮椅患者的使用要求。设计时可以在底部设置凹陷部分，方便乘坐轮椅患者的腿部进入并且有足够的活动空间，目前医院的挂号机都未在底部预留一定空间，这使乘坐轮椅患者在挂号时并不方便。

3.6.7 其他

设置无障碍通道，普通走廊通道保证其宽度不小于1.8m，满足"两个利用轮椅或其他辅助行走器械的就诊者能并行顺利通过"的要求。设置楼梯时需要保证宽度能使使用步行辅助器械的就诊者和正常就诊者对向通过，适度增加楼梯踏面的宽度，使就诊者能安全上下，减少拐弯的次数，尽可能保证直线前进。

设计平面布局时，在入口处设置雨棚以防不良天气的影响。在适当位置设置休息空间、售卖机、饮水机、导诊台等。扶手是非常实用的设施，它可以帮助身体不便的就诊者维持身体平衡并能够独立行走。扶手的设置应该是连续的，走廊的扶手最好能与室内楼梯、室外台阶连接起来，使就诊者前行顺畅。扶手应设置高低两层，高的大概设置在0.85m高处，低的设置在0.45m处，扶手应使用温暖、触感良好的材质。为防止就诊者摔倒，造成身体伤害，铺设地面时应注意使用防滑材料，如防滑地砖等。为防止就诊者意外被棱角等碰撞划伤，窗台、墙体的拐角甚至家具的边缘都应该采用圆弧形或增加保护措施隔离身体与棱角的接触。

加强公共卫生间的无障碍设计（图3-36），设置无障碍卫生间、中性卫生间、母婴间、清洁间等。在公共卫生间安装呼叫系统，防止就诊者突发不适而无人帮助。

在一些患者行动困难的空间可适当设置天轨等无障碍设施（图3-37）。

图3-36　公共卫生间无障碍设计

图3-37　天轨

3.7　典型空间设计

3.7.1　大厅

1. 功能

门诊大厅是门诊科室重要的交通枢纽。大厅挂号收费使用人工与自助相结合的方式，使用多功能挂号机，将挂号、费用查询、缴费等功能合并到一起，不太熟悉自助操作流程的患者可通过志愿者或医护的帮助进行操作，简化流程，减少人工缴费窗口。

室内医疗街及其与各功能科室相连接的区域是人流活动频繁的区域，可以在适当的空间和位置设置一定的座椅，供人观景、等候、休息等。

普及门诊药房自动化，患者取药更高效，通过叫号刷卡或扫描处方条形码进行取药，提高等候取药效率。

大厅内自动扶梯、电梯等交通位置应便于寻找（图3-38）。

设置轮椅存放处、自动售卖机、自动柜员机等设施空间，方便患者使用，合理利用空间，不与交通流线交叉（图3-39）。

随着技术发展，自助终端机可与墙面融为一体，通过触控或语音进行操作，美观实用，节省空间。

门诊中药药房熬制中药用时较长，在取药处可合理设置快递服务点满足患者需求。

门诊部的非诊疗区可以为患者、陪护人员、医护人员提供一定的休闲交流空间，用来缓解患者紧张焦虑的心理，提供舒适的疗愈环境。

图3-38 扶梯便于寻找

图3-39 轮椅存放

2. 设施

设置智能化导诊台，位置合理，环形台面，设置成高低位形式，台面的下部常预留一定空间供乘坐轮椅患者进入。台面配备导诊、导航、语音问询、信息查询等智能设备。

适当设置商业服务设施，如超市、鲜花礼品店、咖啡厅、面包房、健康书吧等，通过视觉、味觉等冲击，使患者感觉非常放松，还能为患者提供便利的服务。

在大厅布置数台自助终端机，各个科室公共区域也分别布置，要有明确的指示标志，位置明显。

在门诊大厅、中庭等空间设置景观绿植、水体喷泉等，营造优美的自然环境，也可以通过照片、LED 屏幕等形式展示自然景观的图像和影像，让患者感知具有自然属性的视觉与听觉要素（图3-40）。

在门诊大厅等空间引入文化活动，如宣教、展览、儿童游戏、演奏、景观观赏等，舒缓患者紧张的心情（图3-41）。

图3-40 大厅的自然元素

图3-41 儿童游戏区

可以在门诊大厅等空间引入绘画、摄影、雕塑等艺术展示功能，也可以引入数字图像、装置艺术等现代艺术形式，增加文化艺术氛围。

门诊大厅柱子可以结合使用功能设计成整理台或者添置等候座椅。设计成整理台时下方可以悬空，方便轮椅患者使用，台面宽度在400mm左右。

3. 色彩材质搭配

（1）**色彩**　门诊大厅以高明度低彩度的浅色调为基础色调，局部色彩变化应把握与整体色调和谐统一。

寒冷或者背阴的区域应采用暖色调；温暖或者向阳的区域可适当使用冷色调，给就诊者清凉的感觉。

儿童门诊空间宜采用丰富的色彩元素，多使用暖色调，如黄色、红色等，色彩可结合艺术造型设计，如卡通人物、雕塑等。

（2）**材质**　除前面阐述的常用门诊大厅材料外，也可以选用具有自然属性的装饰材料，如墙面采用木装饰板或木制纹理材质，增加空间的自然气息。选用新型的装饰材料或者新的造型形式，如地面采用新型水磨石、顶棚采用多孔装饰石膏板等。

3.7.2　候诊区

1. 功能布局

门诊等候空间一般分为大厅等候、科室一次候诊、科室二次候诊共3种候诊形式，为了增加空间的私密性和舒适度，在一些端部或者边角空间采用凹室候诊。

（1）**大厅等候**　在门诊大厅内设置等候空间，用于取药、挂号等候，等候的就诊者容易受周围流动的人群和嘈杂的环境影响，产生一定的焦虑情绪，可以利用座椅进行隔离或用地面装饰等来维持空间的秩序性。

（2）**科室一次候诊**　一次候诊设置在科室单元内，与交通空间有便捷的联系，距离诊室较近，空间领域感强，应加强采光与通风。

（3）**科室二次候诊**　二次候诊设置在走廊中间，利用走廊两侧或者走廊外侧作为候诊空间，为了避免患者二次候诊干扰问题，保证就诊秩序，在二次候诊入口处设置智能通道管理机，分诊患者可刷卡或扫描二维码进出。

（4）**凹室候诊（茧形空间）**　凹室候诊是在诊室前部或端部一些凹入空间进行候诊，空间具有私密性，患者在此休息与交流，就诊体验感佳，国外把这种凹形的空间称之为茧形空间（cocoon space）（图3-42）。

a）平面示意　　　　　　　　　b）空间效果

图3-42　凹室候诊平面布局

2. 空间要求

（1）**空间大小** 候诊空间的面积应以日门诊人次为依据，根据门诊人次高峰来计算。

成年患者人均面积为$1.2 \sim 1.5 m^2$，成人候诊面积＝分科人次×高峰比例（30%）×候诊比例（60% ~ 70%）×成人患者人均面积（$1.2 \sim 1.5 m^2$）。

儿童患者需要陪护人员，人均面积为$1.5 \sim 1.8 m^2$，儿童候诊面积＝分科人次×高峰比例（30%）×候诊比例（60% ~ 70%）×人均面积（$1.5 \sim 1.8 m^2$）。

二次候诊廊过长会产生枯燥乏味、干扰大等问题，一般15m是走廊长度的临界点，超过15m时可以通过凹凸变化、造型改变、明暗相间等方式打破走廊的僵直感，赋予候诊廊变化和节奏（图3-43）。

a）平面示意　　　　b）空间效果（一）　　　　c）空间效果（二）

图3-43　候诊廊空间变化

（2）**空间设计** 科室候诊可采用尽端式布局，设置单独候诊区，尽量避免与其他科室候诊区有过多交叉。

患者在候诊时倾向于听音乐、看电影、玩游戏、了解医院常识等，可在候诊区给患者提供相应的设施满足等候需求，如设置电视观看视频、设置阅览架阅读书刊、布置艺术作品观看展览、设置微型景观欣赏绿植等。

候诊空间应做好弹性设计，提高各层级候诊空间的利用率，灵活组合空间，为未来候诊人数的变化做好预留，也为诊室空间的调整做好预留。

候诊空间的座椅一般设置为金属排椅，但从舒适度、视觉效果、便于交流等角度来看都存在一定的问题，可适当调整座椅的形式，如为患者提供一定数量的带有集成电源插座、USB 端口的多功能座椅，适当设置沙发和休闲椅的组合，营造领域感，选用高背座椅为患者提供具有一定私密性的空间（图3-44、图3-45）。

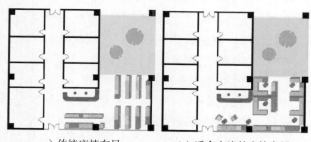

a）传统座椅布局　　　　b）适合交流的座椅布局

图3-44　候诊区座椅平面示意图

a）灵活的座椅布局　　　　　　　　　　　b）具有安全感的座椅布局

图3-45　候诊区座椅实景

为减少候诊带来的负面情绪，设计上应考虑尽可能让患者面向室外，获得自然采光及景观视野，或者划分更小的分区，提供多元化选择，营造安静的氛围。

3. 物理环境

（1）光环境　候诊区尽量避免黑房间，有较好的采光与通风，开面积较大的窗户，使空间开敞，日光充分照进室内，患者沐浴在阳光下，通过窗户欣赏庭院的景观，能舒缓紧张情绪。

通常候诊走廊两侧为功能房间，在设计时走廊尽端尽量增加采光通风。

对于私密性要求不是很高的诊室，可以将隔墙设置为半透明隔断，通过间接采光增强空间的通透性，避免压抑感。

（2）声环境　声音干扰主要是说话声、走路声以及叫号系统、电视等设备发出的声音，可以通过动静分区、设备合理规划、文明提示标识等方法提升声环境质量。

通过广播系统适时播放柔和的背景音乐，能够缓和就诊者的烦躁情绪。

（3）空气质量　从医院街、候诊厅到二次候诊廊，CO_2浓度逐渐递增，可以在候诊区增强开窗通风，也可以借助中庭、医院街的自然通风改善候诊空间的空气质量。

适当设置绿化改善空气质量，美化环境。

设置新风系统改善候诊空间的空气质量。

4. 色彩材质搭配

（1）色彩　候诊区可采用黄色、米色等暖色系配色，使患者心情愉悦、情绪积极（图3-46）。也可以选用蓝色、紫色等冷色系色彩，使患者感到镇静，舒缓情绪（图3-47）。绿色对正面情绪引导最大，选用绿色系能够使患者感到放松、舒适、平和。

非彩色的色彩中，白色对正面情绪的引导最大，使人感觉轻松明快，空间慎用灰色或黑色，使人感觉悲伤消沉，容易引起负面情绪。

图3-46　暖色系

候诊区可以通过色彩进行虚拟划分，等候区与交通区使用不同的颜色和界面，如等候区为淡蓝色基调，交通区通过灯光和色彩设计成暖黄色，两个区域形成对比，起到功能划分的作用。

候诊区通过色彩鲜艳的图像和艺术品活跃空间氛围，结合明亮舒适的照明环境，营造温馨的等候空间。

图3-47　冷色系

（2）材质　地面宜采用柔性地面材质，如橡胶地板、医用地毯等。

墙面装饰材料除了乳胶漆、抗倍特板等，也可选用木饰面板等接近自然的材质。

顶棚采用吸声材料，可设计成流线造型，营造和谐的候诊环境。

候诊区在地面铺装时可利用不同材质和花色区分等候区与交通区，或利用线性铺装进行边界限定，通过铺装变化强化领域感，降低互相干扰的概率。

等候座椅可选用抗菌、易于清洁的柔性材质，温馨舒适，还能起到吸声的作用减噪。

（3）人文　在小区域内通过设置沙发、茶几、墙壁装饰等细节营造温馨亲切的氛围。

充分利用候诊区的一些凹入空间进行候诊。

在候诊大厅、科室候诊等空间适当引入绘画、雕塑等艺术品，营造一定的文化艺术氛围，转移患者的注意力，提升空间品质（图3-48）。

在一次候诊空间设置绿植或者引入窗外美景，在廊式候诊空间内放置绿植，使自然景观融入候诊空间（图3-49）。

图3-48　具有艺术氛围的候诊空间　　图3-49　具有自然属性的候诊空间

5. 其他因素

在患者经常接触的设施上增加防护措施，如安全防撞扶手、拐角安全保护、安装防撞板（轮椅、推床等），护士台和工作台台面等做圆角处理。

利用一些凹入的小空间设计悬空的物品整理台，轮椅使用者就可以将轮椅停放在整物台下方，也方便患者就诊之后整理物品。

在候诊空间和门诊大厅的休息处设置轮椅患者专用的空间和位置（图3-50）。

图3-50　轮椅患者的候诊空间

3.7.3 诊室

1. 空间布局

注重内部分区的合理设计，一般分为诊查区和检查区。

诊查区是医生进行问诊、检查及与患者交流的区域。

检查区主要设置诊床，患者头部朝向里侧，设隔帘，检查时应注意保护患者隐私（图3-51）。

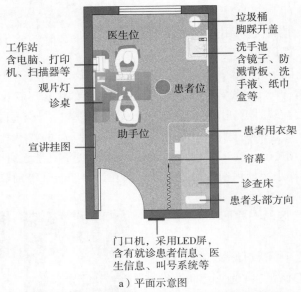

a）平面示意图

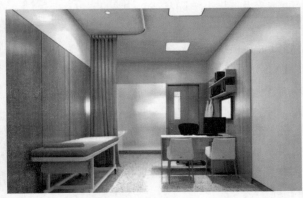

b）空间效果

图3-51　诊室布局

诊室采取一医一患的布局模式，单人诊室的开间净尺寸不宜小于2.60m，进深不宜小于4.20m，如果设置单独的医生通道，则进深不宜小于5.40m。

一般配置诊查桌、诊查椅、诊查床、软帘、洗手盆、资料柜、观片灯等。诊查床和诊查桌宜平行放置，洗手池沿房间长边墙体放置。

诊室可为医护人员提供便捷的生活设施，如饮水机等，在工作之余满足基本生活需求。

设置MDT联合会诊，便于远程会诊和多学科诊疗活动的开展。

诊室布置宜采用医患分流模式，设置内部医护通道，提高医生的通行效率。将有学科关联的科室的医护流线放在同层并直接相连，能及时沟通信息，共用医辅用房。提高医辅用房的空间品质，设置医生专属休息用餐空间（图3-52）。

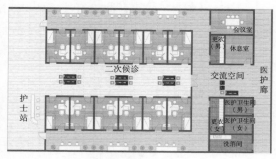

a）平面示意图

2. 物理环境

（1）采光照明　诊室应通过天井或庭院直接采光和通风。

照明考虑医护人员的工作需求，照度在250lx以上，光源显色性尽可能接近自然光，避免眩光。

（2）声环境　平面布局动静分区，需要安静的诊室空间单独布置或安排在尽端，减少人流往返流动。

儿科诊室独立设置，既防止儿童交叉感染，也防止了儿科对其他空间的声音干扰。

b）医患分流空间效果

图3-52　医患分流模式

防止外来噪声干扰，应注意门窗等结构的气密性，选用隔声较强的双层真空玻璃，减少噪声的传入。

地面铺设软性材料，减少人流行进时产生的噪声。

诊室、检查室使用吸声材料（如顶棚使用多孔石膏板），减少噪声。

3. 色彩材质搭配

（1）色彩　诊室色彩设计应遵循统一变化原则，以一种色调为主，界面与家具色彩应统一，营造安宁的就诊环境（图3-53）。

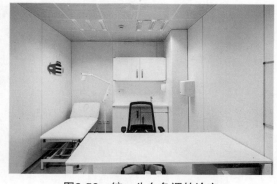

图3-53　统一为白色调的诊室

通过色彩提升患者对空间的归属感，妇产科诊室可选用紫色等柔和的色彩，缓解女性紧张情绪。儿童诊室可采用明快的色彩搭配，结合各种卡通形象进行设计。老年诊室注重沉稳，多选用棕色等中性色调。

诊室的门的色彩宜与周围墙体的色彩有所区分，方便视弱患者识别。

（2）材质　诊室材料应耐污染、易于清洁，地面选择柔性材料，墙面选用纹理细腻、色彩柔和的装饰材料，顶棚选择质轻吸声材料。

利用材料加强室内界面的造型和装饰效果，适当的装饰能提高患者的积极情绪，对治疗能产生积极的影响。

4.其他因素

诊室门在完全开启之后宽度应大于0.8m，方便轮椅通行。

诊室家具边缘、墙体的拐角应处理成圆弧形。

第4章
急诊部室内设计

急诊部是对各个临床专业的急性病或慢性病急性发作进行诊断、评估及治疗，对急性中毒进行救治、复苏，以及负责创伤、灾难的紧急医疗救援的空间，其工作特点是全天24小时开展医疗活动。一般急救包括五大特色治疗中心，脑卒中中心、胸痛中心、创伤中心、新生儿中心、高危产妇中心。现代急诊医学科已发展为集急诊、急救与重症监护三位一体的大型的急救医疗技术中心和急诊医学科学研究中心，可以对急、危、重患者实行一站式无中转急救医疗服务。

4.1 功能空间布局

规模较大的急诊部一般设有内科、外科、妇产科、儿科的急诊诊室和含有留观、检查、手术、抢救等功能的救治空间，还有急症监护（EICU）、急诊病房等功能空间。

4.1.1 空间布局

急诊部包括不同的科室，在空间组合上可以通过急诊大厅、医疗街等将各个科室组合起来，有街巷式、厅廊式、放射式、板块式等不同的空间组合方式，具体如表4-1所示。

表4-1 急诊空间组合类型

类型	特点	图示
街巷式	主要由主街和巷构成，人流沿主街线性流动，通过各巷进行分流，各科室在巷路两旁布置，形成相对独立的空间，再通过主街将各个巷路连接起来加强联系，这种模式导向性强，能够让患者较快找到要去的科室。缺点是易造成流线交叉，对急诊部后续扩建不利，适用于规模较小、布局紧凑的空间	

类型	特点	图示
厅廊式	以急诊大厅为中心，通过周边走廊向四周发散的布局形式，走廊围绕急诊大厅布置，在走廊两侧布置科室，科室联系方便，功能分区明确，空间布置合理，有利于急诊部的发展和扩建，适用于规模较大的急诊部	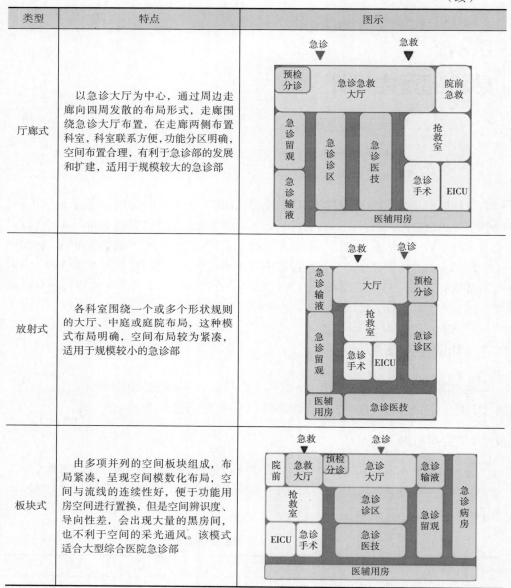
放射式	各科室围绕一个或多个形状规则的大厅、中庭或庭院布局，这种模式布局明确，空间布局较为紧凑，适用于规模较小的急诊部	
板块式	由多项并列的空间板块组成，布局紧凑，呈现空间模数化布局，空间与流线的连续性好，便于功能用房空间进行置换，但是空间辨识度、导向性差，会出现大量的黑房间，也不利于空间的采光通风。该模式适合大型综合医院急诊部	

4.1.2 空间功能组成

急诊部医疗空间根据不同的服务功能划分为急诊和急救两部分，独立设置挂号、收费、药房、检验、X光检查、功能检查、手术、重症监护等用房，也可与门诊医技相关科室结合考虑。二级综合医院要求设置2～3个抢救单元或抢救室，不少于10床的留观病房，三级综合医院一般要求设置不少于6床的抢救室、8床的EICU、20床的留观室和40床的急诊病房。本节内容主要以功能配置齐全的三级综合医院为对象，说明配置齐全的急诊空间应包含的功能空间组成。

配置齐全的综合医院急诊部的功能空间主要包括急诊诊室、急救区、急诊手术室、急诊医技区、急诊大厅、EICU、医护辅助区、公共区、急诊病房等，具体如表4-2所示。

表4-2　急诊部功能空间组成

急诊功能分区	功能空间配置
急诊大厅	急诊大厅（分检、接诊、建卡、挂号、收费、急诊药房）、急救大厅（绿色通道，直接进入抢救大厅）、急诊大厅与急救大厅前端设置筛查工作站（具备分诊功能）
急救区	设置抢救大厅、五大中心抢救室、醒酒室（此功能根据医院需求设置）、隔离抢救室等
急诊诊室／蓝区	诊室（内科、外科、儿科、妇科等）、专家诊室、清创室、洗胃室、治疗室、石膏室、换药室、动物致伤洗消室、输液大厅等
EICU	按照监护区、清洁区、污染区、公共区进行分区设置。监护区包括监护病床大厅、单人间监护病房、负压隔离病房、护士监护站、治疗室、处置室；清洁区包括器材设备间、无菌库、办公室、卫生通过（男女）等；污染区包括入口缓冲间、污物存放区、污洗室、污物通道等；公共区包括谈话间、VR探视区、家属更衣区等空间
急诊手术室	根据急诊科建设规范，二级甲等以上综合性医院急诊手术室面积不小于30m²，配置手术准备室；急诊手术室应与抢救室相邻。可设置万级手术室，要求高的医院也可设置导管手术室等手术空间，同时需要设置换床区、术前准备室、无菌库房、刷手间、卫生通过等清洁区；污物存放区、污洗室、污物通道、气瓶间等为污染区；谈话间、家属等候、患者更衣等为公共区域
急诊医技区	含急诊检验、急诊DR、急诊功能检查（彩超、心脑电图）等；CT、MRI等检查可与全院共享，也可单独设置
急诊病房	一般设置一个护理单元，床位数在30～40之间，含单人间病房、双人间病房、三人间病房、探视区、公共卫生间、护士站、治疗室、处置室、配餐室、污洗室、被服库、垃圾存放处、设备间、主任办公室、医生办公室、休息就餐室、男女更衣淋浴、男女值班等空间

4.1.3　设计要求

1）急诊和急救可自成一个医疗体系，设立急诊和急救中心（救护车通道），拥有单独的两个出入口，出入口有明显的急诊标志，设有专用的挂号、取药室以及供担架推车和护送人员使用的候诊区域。

2）主要出入口处应设坡道以保证车辆行驶和进出方便，使危重患者由救护车直接运送至抢救室。抢救室配置供给氧气和吸引的医疗气体设施、呼吸机等医疗设备。

3）急诊输液与门诊输液可以合并为一个区并紧邻急诊区，设内部通道，便于有异常情况及时抢救，此区域需要有自然的采光和通风环境。

4）急诊急救共用的空间包括：公共服务区（挂号，取药等服务），医技检查区。

5）急诊区应设医生专用通道。

6）急诊区需独立设置专门电梯，一台通急诊病房及EICU内部（1800×2700医用电梯），一台货运电梯（通向地下室）。增设太平间通道。急诊急救区需要设一台专门的手术电梯直通中心手术室。

7）EICU设置医疗区域、医疗辅助用房、污物处理区域和医务人员生活辅助用房，应相对独立。至少配置2个单人房间，用于隔离患者。设正压病室和负压病室各1个。

8）急诊部应设在医院整体院区内合适的位置，有助于加强医院各部分联系，同时又避免内部流线的混乱，急诊部应设立一个独立的出入口，开口的位置需要距离急救入口较近，位置明显，设于主要道路上，保证抢救工作快速进行。

4.2 急诊流程

综合医院急诊部应设置在比较明显且车辆易于抵达的区域，规划留有急诊院前广场，保证具有应对突发性公共卫生事件的能力，结合院前广场设计出入口空间，布置无障碍通道、救护车通道及停靠区，如果医院设置有直升机停机坪，应与急诊部有快捷的联系通道。

综合医院急诊部就诊流程包括院前急救、院内急诊急救及治疗后监护恢复功能等流程，形成一体化的急诊流程。

急诊就诊流程包括预诊分诊、挂号、问诊、检查、治疗、处置等流程。急救包括院前急救、抢救、急诊手术等流程，设有危重患者快速急救绿色通道，直接进入抢救室或心肺复苏室，实施先抢救后挂号收费的原则。急诊部设有B超、影像、检验等医技科室，有些检查可以在急诊部内部完成，但是也需要与内镜中心、中心手术部、介入治疗、输血科等有便捷的联系（图4-1）。

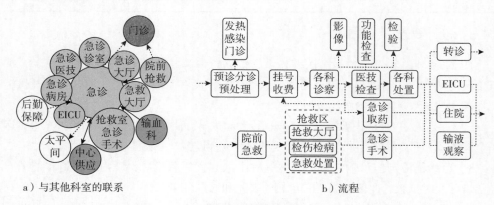

a）与其他科室的联系　　　　　　　　　　　　　　b）流程

图4-1　急诊流程

4.3 急诊区

4.3.1 功能空间

1. 急诊大厅

急诊大厅最好位于急诊部的中心，与急诊、急救、检查等距离要适中。大厅内要设置候诊处、分诊台、挂号收费处、急诊药房、警卫台、轮椅和平板救护车存放处、智能缴费设备等设施和空间（图4-2、图4-3）。挂号收费宜位于急诊大厅出入口附近，与急诊药房邻近设置，这样布局功能集中，避免了人流之间的交叉干扰。

图4-2　急诊分诊台　　　　　　　　图4-3　急诊药房

2. 急诊诊室

急诊应设置内科、外科、儿科、妇产科、耳鼻喉科、眼科、口腔科等科室并设置有隔离诊室。诊室应靠近急诊大厅，设置诊室候诊区，候诊空间应与交通空间明确划分，避免人流穿行，营造出相对舒适宜人的候诊环境。

急诊诊室的入口宽度应利于抢救床和各种运输工具的进入，入口做防撞处理。诊室开间净尺寸应不小于2.4m，进深净尺寸应不小于3.6m，考虑到急诊的特殊性以及为保患者轮椅能够进入诊室，一般急诊诊室开间净尺寸宜为2.6m及以上（也不能太宽造成空间浪费），进深净尺寸宜为4.2m，如果诊室后有医生联系通道，进深可增至4.8 m。为防止急症患者突发紧急状况，诊查床旁宜设有治疗带，医生办公桌附近宜设紧急呼叫按钮（图4-4）。

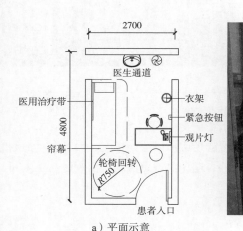

a）平面示意　　　　　　　b）急诊诊室

图4-4　急诊诊室

3. 输液室

输液室宜划分为成人输液和儿童输液两个区域，通常配套有配液间、治疗室、处置室。输液室应为大空间，可采用开放式布置，应有良好的自然采光和通风，避免黑房间。输液室内应设置护士站，设置治疗室与之相邻。

a）成人输液室   b）儿童输液室

图4-5 输液室

输液室应设置输液椅，墙体周边宜设置治疗带，最好再配置比例不少于20%的输液躺椅，以满足卧床患者及老年人的需要。输液室在输液座椅、输液床位上可设置呼叫系统，以便及时呼叫护士（图4-5）。

4. 留观室

《医院急诊科设置与管理规范（征求意见稿）》中指出，留观床数量以总床位数的2%～3%为宜。留观室布局有开放式、半开放式与封闭式三种。开放式的布局方式，病床之间用帘幕分隔，保护患者的隐私，封闭式布局单独设置房间，干扰较少，可以采用多人间、三人间等布局方式（图4-6）。留观室内应配备有护士站、治疗室等，护士站应位于中心，以便护士能观察到每张病床的情况。每个床位应设置治疗带，配备呼叫系统、电源插座、氧气、负压接口等。留观区的门应设为宽1.2m的大小门，以满足推床进出的需要，门上应设置观察窗，以便于护士从走廊观察患者的情况。

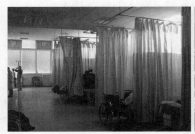

a）开放式   b）封闭式

图4-6 留观室

留观区的走廊可以适当扩大，使其满足加床的需要。留观区应具有良好的自然采光和通风条件，避免出现黑房间。留观区与卫生间、开水间等设施要联系便捷。

5. 清创室

清创室为开放性损伤患者提供包扎、处置、穿刺、引流等治疗空间。清创室外宜有准备间，距离外科诊室较近。建议其开间尺寸为4.2～4.5m，进深为6.6～

6.9m（图4-7）。

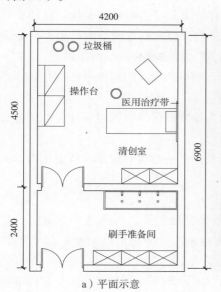

a）平面示意

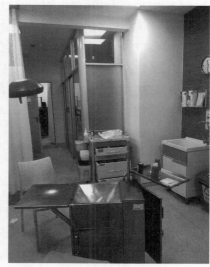

b）空间布局

图4-7　清创室

4.3.2　设计要求

急诊区应设置较宽敞的候诊区域。如图4-8所示的急诊候诊区，位于急诊分诊处一侧，候诊空间宽敞明亮，背景墙采用木色格栅装饰，给人温馨的视觉感受，减缓患者和陪护人员的焦虑心情。

输液室内的治疗间面积要满足护士给输液患者配液的需要，当输液患者达到每日200人次时，治疗室面积应不小于50m^2。

急诊区公共空间应尽量通透开敞，以利于采光。

图4-8　急诊候诊区

4.3.3　物理环境

1. 声音

（1）吸声减噪　走廊、急诊诊室的顶棚采用吸声材料，达到吸声减噪的效果，如采用岩棉板、矿棉板等装饰材料（吸收中低频声音）。在急诊大厅、候诊等空间，墙壁的装饰材料与结构之间可适当留有空气间层，可以有效吸收低频声，从而减少急诊大厅等空间的喧闹噪声的传播。

（2）**隔声处理**　诊室之间的分隔墙体一般采用轻质隔墙，可在轻质隔墙内侧做一层夹板或者在隔墙内添加吸音棉，可以有效降低周边噪声的干扰。门和窗户是隔声的薄弱环节，一般要采用双层或多层玻璃窗，门和窗户的缝隙处要密封处理，减少缝隙透声。可开启的门扇应设置无声关门器，达到良好的隔声作用。

地面可铺设PVC卷材等材料，降低轮椅的摩擦声和人的脚步声，PVC地板厚度应大于3mm，增加脚感舒适度，也有利于静音。

（3）**空间布局**　将各类机房设置在远离诊室的区域，同时做好各类设备和风管的隔声、减振以及消音处理。

（4）**背景音乐**　设置音乐播放系统，发挥音乐在缓解焦躁、减少压力等方面的积极作用。

2. 光线

（1）**自然采光**　急诊诊室应具有自然采光和通风，可采用中低侧窗的窗户形式，光线具有明确的方向性，有利于室内通风，方便患者欣赏室外的景观，视野开阔。

急诊大厅、候诊区等空间可以考虑采用大面积的玻璃幕墙，从而使空间的渗透性增强，视野开阔，减缓患者的焦虑情绪（图4-9）。如果急诊设置在地下一层空间，周边可设置直通地上采光天井或者庭院，结合水体、绿植等自然元素，营造出优美的自然环境。

（2）**人工照明**　急诊区的各功能房间应具有良好的照度，以满足医疗作业的需求。急诊大厅、候诊区等空间应营造明亮、亲切、柔和的人工光环境，注重光线的舒适度和均匀度，不应产生强光和眩光，使用反射光和漫射光营造柔和的光环境，如采用灯具均匀布置的形式，选用嵌入式漫反射灯或嵌入式格栅灯等灯具，形成光线均匀、柔和的光环境。急诊大厅可结合吊顶的造型布置灯具，形成较好的装饰效果，丰富空间层次（图4-10）。

图4-9　急诊大厅的自然采光　　　　图4-10　急诊大厅的人工照明

在分诊台、挂号处、缴费处、取药处等空间设置重点区域照明，使患者看得更加清晰（图4-11）。

3. 其他

急诊大厅、候诊区等空间人流拥挤、空气污浊，应有良好的通风条件，以避免人流集中、昼夜工作所产生的污浊空气污染室内环境（图4-12）。

图4-11　分诊台重点照明　　图4-12　急诊等候区采光通风良好

北方的医院急诊区入口处应设置防风门斗，避免分诊台值班护士正对风口。

4.3.4　色彩材料搭配

1. 色彩

急诊大厅宜采用淡雅、高明度、低彩度的调和色，营造安静舒适的氛围，空间内的座椅、小品以及装饰构件可以采用一些有变化的色彩进行装饰，使空间的色彩更加丰富和具有层次。如图4-13所示的急诊大厅，背景色彩采用了淡雅的中性色，局部通过绿色的等候座椅丰富色彩的层次，使空间色彩既统一又具有变化。

急诊诊室的色彩宜采用淡雅的色调；候诊区及走廊等公共空间可选用暖色调，如米色、原木色等；留观室宜采用明度高、纯度低的柔和色调，如以白色、米黄色等为主色调，以绿色、蓝色为装饰色，营造舒适、干净、宁静的空间氛围。如图4-14所示的急诊走廊空间，采用中性的米灰色，营造出宁静、大气、典雅的空间氛围。

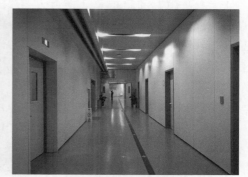

图4-13　急诊大厅色彩　　　　　　图4-14　急诊走廊色彩

2. 材料

急诊区应考虑易于清洁、耐磨、防滑、防火并符合院感要求的装饰材料，同时还要考虑界面的虚实、肌理等美学装饰要求，提升急诊区的医疗环境的舒适度。如

图4-15所示的急诊大厅局部空间，采用PVC卷材、抗倍特板、木饰面板、金属板等装饰材料，丰富且有层次。搭配材质时也可以在局部区域进行变化，如在候诊区等空间可以使用壁画等艺术化手法改善空间氛围，也可以局部使用磨砂玻璃、木饰面板等材质，增加界面材质肌理效果的装饰性。输液区应按照输液姿势或人群年龄，分室而设，以避免相互干扰，宜用玻璃将其与其他区域相隔，以在视野上扩大空间与明亮度。图4-16为急诊儿童输液区，输液座椅处通过PVC材质的色彩变化对空间进行了虚拟分隔，空间采用大面积的玻璃窗和玻璃隔断，使整个空间非常明亮。

图4-15　急诊

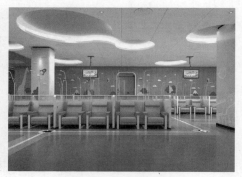

图4-16　急诊儿童输液区

3. 标识

急诊大厅、诊室、候诊区等空间会设有常规标识（图4-17），除此之外，还要注重地面的引导性标识。地面一般设有不同颜色的导向带，使患者和陪护家属能够快速方便地到达目的地。如沿着地面的红色导向带，可以直达抢救区，沿黄色导向带可到达EICU、留观室，沿蓝色导向带可达急诊医技区，沿绿色导向带可到达急诊区（图4-18）。

a）急诊顶部标识　　b）急诊墙面标识

图4-17　急诊常规标识

急诊大厅、诊室、候诊区等空间应设置电子标识，包括电子提示屏、多媒体触摸屏等。

急诊大厅应设置无障碍引导标识，包括导向盲道、墙面及扶手提示、触摸式标识牌等。

a）节点处地面标识　　b）急诊大厅地面标识

图4-18　地面标识

4.3.5 其他

1）候诊空间应设置饮水机（图4-19）。

2）留观区应在病床上设置分隔用垂帘，以保护患者隐私。

3）应设置自助售货机、自助充电器、自助银行等辅助设施，方便患者及陪护人员使用（图4-20）。

4）急诊的主要出入口应设置防滑坡道，充分考虑到残疾人的使用要求。缓坡区可采用不同颜色的材质铺装，以在视觉上明显区分缓坡与室外平地。

图4-19　饮水机　　　　图4-20　急诊自助银行柜员机

5）急诊大厅应设置轮椅、平板救护车等设施，为了合理规划空间，可沿大厅的墙面与柱子布置自助售货机，轮椅和平车利用角部空间存放，不影响公共区域交通（图4-21、图4-22）。

 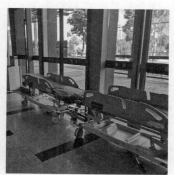

图4-21　轮椅存放点　　　　图4-22　平板救护车存放点

4.4　急救区

急救区主要包括院前科、急救大厅、抢救室、急诊手术室、EICU等医疗功能用房以及值班室、更衣室等医辅用房。

4.4.1　功能空间

1. 急救大厅

急诊如果有条件可设置急救大厅，与急诊分开设置，保证危重症患者得到及时救治。急救大厅可直接连接对外出入口，救护车可直接到达，急救大厅邻近抢救室，可作为抢救室的后备空间。当抢救人员较多，抢救室空间不能满足需求时，急救大厅可直接分隔出一部分场地投入使用（图4-23）。急救大厅应设置护士站，护士站的位置应方便护士对危重患者进行初步判断，有利于急救工作的高效进行（图4-24）。

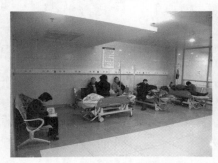 

图4-23　急救大厅的弹性空间　　　　图4-24　护士站有利于急救工作
　　　　　　　　　　　　　　　　　　　　　　　　高效进行

2. 院前科

院前科的主要功能是让患者在到达急诊部前得到应急救助，保证生命体征，做好一切有利于患者恢复的工作。主要空间包括院前科办公室、准备室、训练室、120急救车等，因此院前科应与救护车紧邻布局，保证医护人员能快速出车。

3. 抢救室

抢救室应靠近急救大厅，与手术室、影像和EICU临近，抢救室应直通门厅，有条件时宜直通急救车停车位，面积应不小于30m²/床，门的净宽应不小于1.4m。如果采用开敞式布局，抢救床侧面与墙面净距应不小于1m，抢救床之间净距不小于1.4m，每个抢救床应设有治疗带及监护设备，为了保护患者隐私，应用帘幕分隔空间（图4-25）。为防止传染患者传染他人，抢救室内应至少有一个隔离抢救间。除了抢救设施外，抢救室内还应设置护士站、治疗室、处置室、库房等功能空间（图4-26）。

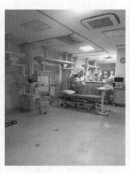 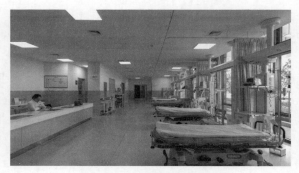

图4-25　抢救室　　　　　　图4-26　抢救室及周边空间

4. EICU

EICU就是急诊的重症监护病房，收治对象主要为急性中毒患者、急性危重患者、严重创伤患者，是抢救室的延续（图4-27）。相关规范目前没有明确规定EICU的床位数，一般至少大于6床。独立监护室的面积不得少于$20m^2$，若采用多床监护病房，则床均面积不得少于$15m^2$，床间距需大于1.2m。EICU空间中的护士台应设置在便于观察患者的区域（图4-28）。

EICU应医患分区，设置患者区和医护区。患者通道入口处应设置缓冲间，内置更衣柜与鞋柜，患者区每个监护单元的床

 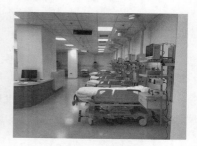

图4-27　EICU　　　　　　图4-28　患者区

位不宜多于12床，应设有一个隔离床位。医护区设有更衣间、值班室、处置间、办公室、药品储藏等空间。

5. 急诊手术室

急诊手术室一般可开展普外手术、妇产手术、心肺复苏手术等项目，大型急诊科或急救中心的手术室应按照规范的手术室建设，一些大规模综合医院的急救科室较有特色，还设有DSA等复合式手术间。

急诊手术室邻近急诊、急救区，有完善的卫生通过，层流水平达到万级，与中心手术部、产房及DSA之间都有绿色通道。

急诊手术室面积一般为25～$30m^2$，进深尺寸为5.4m，开间尺寸为4.8m。手术室应配置有缓冲间和准备间，设有刷手区、术前准备区、医生更衣室、洁净物品库房等空间（图4-29）。

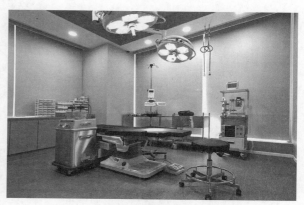

图4-29　急诊手术室

4.4.2　空间要求

急救区应满足无障碍通行的要求，通道宽度应适度加宽，以满足多架推床快速通过的要求。

EICU、急诊手术等空间应做到医患分流、洁污分区，内部宜设有清洁物品存放间及清洁走道，形成清洁物品流线。患者、家属从半清洁区进入要先经过缓冲间，医生由更衣换鞋间进入，形成清洁流线。医疗废弃物、生活垃圾应在污物打包间密封处理后送出，形成污物流线。医护用房包括更衣间、医护办公室、治疗室、处置室、值班室、库房等，需要为其设置独立的工作流线。

4.4.3　物理环境

1. 声音

（1）**吸声减噪**　急救的环境有时比较嘈杂，因此在急救大厅、抢救室等区域采用吸声材料，达到吸声减噪的效果，具体措施与急诊区的处理一致，可参考急诊区的吸声减噪处理方法。

（2）**隔声处理**　EICU等空间需要安静，除了考虑吸声减噪外，还要考虑隔声处理，具体措施与急诊区的处理一致，可参考急诊区的隔声处理方法。

（3）**空间布局**　将各类机房设置在远离EICU、抢救室等空间的区域，同时做好各类设备和风管的隔声、减振以及消声处理。

2. 光线

（1）**自然采光**　EICU应具有良好的自然采光和通风条件，避免黑房间，窗户也可以设计得低一些，让躺在病床上的患者看见室外的景色。如果设置在地下一层空间，周边可设置直通地上采光的天井或者庭院，结合水体、绿植等自然元素，营造出优美的自然环境。

（2）**人工照明**　抢救室、手术室等空间需要专业的照明设计，按照《建筑照明设计标准》（GB 50034—2013）对不同功能空间的照度、眩光、光源显色性的要求进行设计（图4-30）。

3. 其他

急救大厅应有良好的通风条件，避免人流集中、昼夜工作所产生的污浊空气污染环境。

图4-30　抢救区人工照明

4.4.4　色彩材料搭配

1. 色彩

急救大厅宜选用高明度、低彩度的色彩，点缀绿色、蓝色等色彩，使空间色彩有一定的变化，设置令人心情舒缓的绿植、挂画与艺术品，让患者和陪护家属能够放松情绪。

抢救室等空间宜选用中性色或者冷色，营造安静的空间氛围，家具设备应避免使用复杂图形以及饱和度高的颜色（图4-31）。

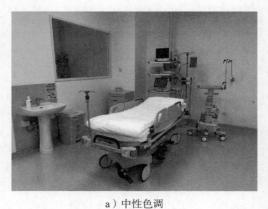

a）中性色调

图4-31　抢救室色彩

急诊手术室的色彩以蓝色、绿色为主，目的是消除手术室内血液的红色所形成的补色残像。随着内窥镜手术的技术发展，对手术室背景色彩的要求也逐渐减弱，手术室的色彩选择也越来越多样化（图4-32、图4-33）。

2. 材料

急救大厅、抢救室等空间的装饰材料与急诊区的装饰材料基本一致。急诊手术室的墙面可选用电解钢板、不锈钢板、彩钢板、安全消毒板等整体材料，采用无缝拼接技术，对医疗器械柜、药品柜、麻醉柜等采用藏墙式设计，地面可选择橡胶、聚氨酯涂料等材料，顶棚采用钢板、防锈铝板、千思板等材料，与净化空调、手术照明、导轨等设施相协调。

3. 标识

标识设计与急诊区的设计要求一致。

4.4.5 其他因素

1）EICU中每张病床都应设置直轨和帘幕，以保护患者隐私。

2）急救区应靠近独立入口，以保证抢救工作快速进行。

3）急救区应设置面积合适的医护休息室，为高强度工作的医护人员提供高品质的休息空间，有利于恢复体力与注意力，提高工作效率。

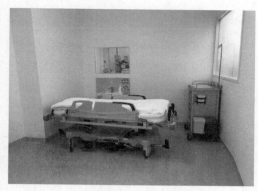

b）家具与背景色统一

图4-31　抢救室色彩（续）

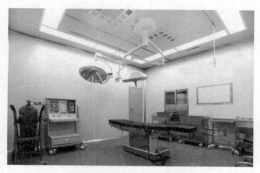

图4-32　冷色调手术室

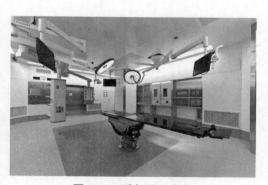

图4-33　暖色调手术室

4.5　急诊医技区

急诊部由于自身医疗功能相对独立，一般在急诊内部设有专用的医技空间，避免患者在急诊部与医技部之间往返而延误病情，节省患者时间，提高救治效率。

4.5.1 功能空间

急诊医技区一般设有CT、B超、心电、DR、检验等空间，同时设有移动 X 光机等移动设备以满足患者床边检查的需要。急诊检查应临近卫生间，设有明显的指示标识，交通方便。

4.5.2 空间流线

急诊医技区最好能够医患分流，为医护人员设立独立便捷的交通流线，利于减缓工作疲劳，提高诊疗质量。急诊影像宜设置独立的医护工作流线，设置值班室、更衣室、阅片室等空间，为医护人员提供休息和准备的场所（图4-34）。急诊检验空间的患者通道与医护人员的通道应该分开，方便患者快速完成常规检查，特殊检查可通过物流系统送至中心检验（图4-35）。

图4-34　急诊影像　　　　　　　　图4-35　急诊检验

4.5.3 物理环境

1. 声音

急诊医技区的声音处理措施与急诊区的具体措施一致。急诊医技区应尽可能营造安静的室内环境，在布局上尽量远离嘈杂的空间，通过使用吸声、隔声的材料及构造做法实现减噪，对门窗、墙体等部位加强气密性和隔声处理，最后通过播放适宜的背景音乐消减噪声干扰，创造舒适愉悦的声环境。

2. 光线

CT等扫描室应按照医疗照明的相关规范进行设计，通常情况下照度应达到200lx，色温在3300～5300K，显色指数（Ra）不低于85，入口需设置射线警示标志及设备使用中的警示灯。

通常情况下DR、CT等扫描间没有自然采光，为了减轻患者的焦虑情绪，可以在墙上装饰一幅具有自然景色的心理窗，打破封闭空间的沉闷幽闭感。也可以在顶棚上设置隐藏灯带的彩画组合，吸引患者的视线，减少检查时的紧张情绪（图4-36）。

a）发光顶（一）

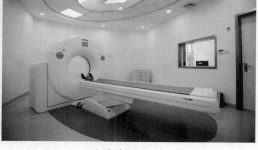
b）发光顶（二）

图4-36　CT扫描间的顶棚处理

B超等检查空间应避免黑房间，宜有自然采光（图4-37），人工照明的照度通常情况下应达到200lx，色温在3300～5300K，显色指数（*Ra*）不低于85。

4.5.4　色彩材料搭配

1. 色彩

一般选择中性色或者淡雅的冷色调，缓解患者的焦虑情绪，营造宁静的检查氛围。较私密的空间如更衣间，可适当采用柔和的暖色调，营造温馨的空间氛围。如图4-38所示，国外某医院急诊中心的CT扫描室采用干净整洁的色调，设备颜色与空间的色彩一致，防护门为木色，使空间带有温馨的色彩氛围。

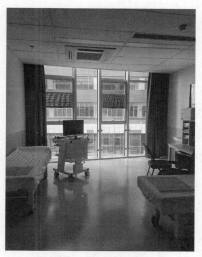
图4-37　B超室的自然采光

2. 材料

CT等扫描室应按照防辐射的相关规定进行防辐射处理，如使用铅板、铅玻璃、硫酸钡涂料等，各机房以防护门为界，机房内确定为控制区，设置门灯连锁装置，严格限制人员进出控制区，保障该区的辐射安全。

CT、超声等空间的地面可采用橡胶地板、PVC卷材等材料，转角处宜设圆弧形过渡。墙面宜用抗倍特板、乳胶漆等装饰材料，墙和柱子的阳角及阴角应处理成半圆弧形，以防碰撞。顶棚采用铝板、矿棉板、高晶板等装饰材料（图4-39）。

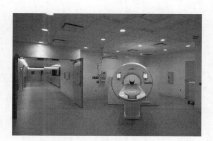
图4-38　急诊医技区的色彩

3. 其他

急诊检查区应设有足够的等候空间及休息座椅，设有明显的指示标识，交通要方便。急诊化验抽血室的操作台宽度以0.7 m为宜，操作台下部应空置，方便患者坐下，设隔板遮挡，具有一定的私密性。

影像、超声等设备较多时容易给人带来冷漠压抑的感觉，可以在合适的空间设置绿植、艺术品等，缓解患者的情绪，达到良好的诊断效果。

　a）急诊 DR 扫描间　　　　b）急诊 DR 操作间

图4-39　急诊医技区的材质应用

医护办公用房与患者用区域应分开，医患分离，形成相对安静的工作环境。

4.6　急诊病房

急诊病房主要为留观输液患者和EICU患者提供连续性的监护诊疗，通常参照标准护理单元的配置形成独立的急诊病区，其布局模式与普通病房模式基本相同，具体设计见第6章内容。

4.6.1　功能空间

急诊病房与普通病房的空间布局基本一致，一般包含三人间、两人间和单人间（图4-40），也可以布置成多人间。

4.6.2　空间要求

急诊病房应位于急诊中心较为安静的区域，宜靠近EICU布置，方便病患来回转运。

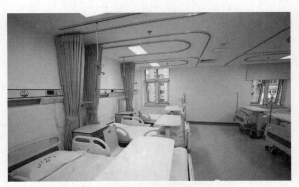

图4-40　急诊病房

4.6.3　物理环境

1. 声音

急诊病房需要安静的环境，需要从建筑布局、吸声减噪、隔声处理等方面处理声音，具体措施见急诊区处理措施。也可以设置少床病房减少患者之间的相互干扰。

2. 光线

（1）**自然采光**　急诊病房一般布置在南向，为急诊患者提供良好的自然采光和通风。一般采用中低侧窗采光，卧床患者容易看到室外的景观，为避免产生眩光，采用百叶帘、窗帘、水平挡板等方法避免产生眩光。

（2）**人工照明**　急诊病房的人工照明设计应符合患者的使用需求，给患者安全感和亲切感，光线应柔和。

1）整体照明：整体照明设置在顶棚的床头或者靠近走道的床尾位置，宜选择中等色温和显色性较高的光源，满足患者一般活动的需求以及医护人员护理工作的需求。

2）重点照明：在病床床头等区域进行重点照明设计（推荐照度值100~300lx），可由患者自行控制灯光。

3）特殊照明：夜间为了方便医护人员巡视，病房内和外走廊应设置地灯（照度一般为10~20lx），开关宜设置在方便医护人员开关的地方。

4.6.4　色彩材料搭配

1. 色彩

急诊病房宜选择纯度低、明度高的色彩，给患者带来温馨、轻快的感受。墙面宜采用白色、浅黄色、米色等色彩，局部色彩可以适当变化，地面宜根据墙面色彩选用相对较深的颜色，顶棚的色彩宜比墙面色彩明度高一些，可采用白色、浅灰色等（图4-41）。

2. 材料

急诊病房地面宜选择防滑、耐磨、易于清洁、不产生噪声的材料，一般选用PVC卷材。顶棚选用抗菌以及吸声性能好的材质，如纸面石膏板、矿棉板、硅酸钙板等。墙面可选择抗菌乳胶漆等材料，也可以根据不同的功能和部位进行混合搭配，如病床整面背景墙或者是治疗带以下的墙面选用装饰板或者抗倍特板进行装饰，美观且便于清洁。靠近走廊的墙面也可以设置防撞条和防撞板，既能够保护墙面还能防止患者撞上受伤。如图4-42所示的急诊病房，病床背景墙治疗带以下的墙面采用木

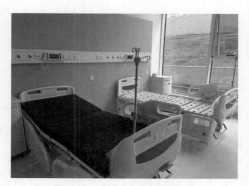

图4-41　急诊病房色彩设计

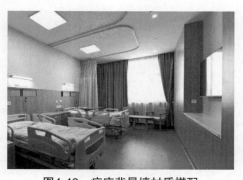

图4-42　病床背景墙材质搭配

饰面板，治疗带设计成隐藏式，治疗带以上的墙面采用乳胶漆饰面，整体美观大方，易于清洁。

3. 标识

在病房门两侧平行于走廊方向贴墙布置是大多病房门牌标识的布置方式，使用者在2m左右的范围内才能较为清楚地识别。为提高可视性，宜将病房标牌分为两部分，数字编号信息宜采用凸出房间门头的布置方式，标牌两侧均进行标注以便不同方向的行人快速识别，其他信息则可用原有的方式布置在门旁。

4. 其他

急诊病房门宽应该能满足医院担架和轮椅的进出，至少为1200mm，病房内部也要保留平坦的轮椅回转空间。病房卫生间的门扇要向外打开。

宜在病房内引入绿色植物，增加艺术陈设，为患者创造良好的康复环境。

注重床周空间的隐私保护，开放式病房中保证床间距要求，使用帘幕分隔空间。

第5章
医技部室内设计

　　医技部是医院内集中进行各种诊断、实施治疗的部门，是现代医院中非常重要的一个组成部分，医技部功能繁多，工艺复杂，包括影像中心、手术中心、检验中心、功能检查科、内镜中心、核医学科等众多科室部门以及相关的办公辅助用房。

5.1　功能空间布局

5.1.1　空间组合

　　医技部的组成形式多样，建成时间比较早的医院，医技科室布局比较分散，可能不在同一栋医疗建筑中，也可能分散在一栋建筑不同的楼层和位置，容易造成患者使用上的不便。现在新建的医院医技部科室集中布置，与门诊、急诊、住院都有便捷的联系，呈共享医技平台的布局形式。

　　在空间组合上，可以通过大厅、医疗街等将各个科室组织起来，形成街巷式、环廊式、放射式、板块式等不同的空间组合方式（表5-1）。

表5-1　医技空间组合类型

类型	特点	图示
街巷式	采用主街-分支-节点的形式将各个科室组织联系。这种模式结构清晰、导向性强，患者能够快速找到要去往的科室。缺点是形式较为单调，可利用节点空间进行空间的变化，如设置成等候、休憩、交流的空间。适用于规模较小、布局紧凑的综合医院	

类型	特点	图示
环廊式	各科室围绕一个或多个庭院布局，用环形的路线将空间连接起来，形成回字形的布局模式。这种布局组织清晰，分区明确，具有良好的连续性，患者沿着环路就会找到要去的医技科室，同时可获得良好采光通风，解决黑房间问题。缺点是方向单一，容易造成空间拥堵	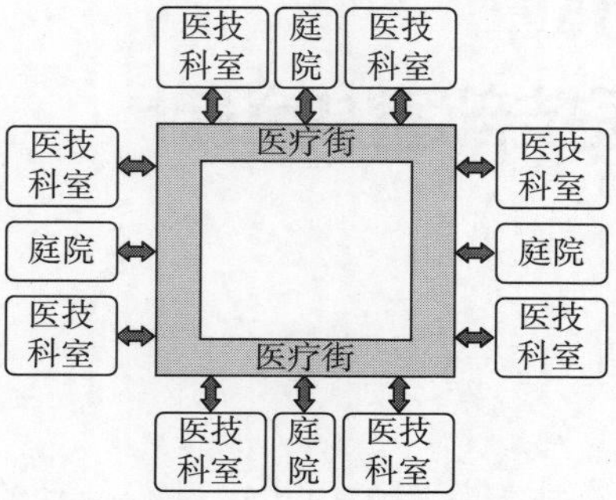
放射式	各科室围绕核心大厅或者庭院呈放射形布局，空间尺度和面积较大，适用于人流量较大、科室种类较为繁多复杂的医技部	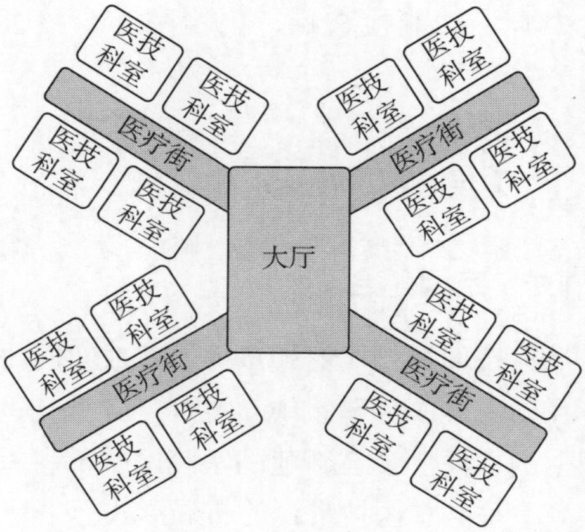
板块式	由多项并列的医技科室板块组成，布局紧凑，呈空间模数化布局，空间与流线的连续性好，便于功能用房空间置换。但是空间辨识度低，导向性差，会出现大量的黑房间，也不利于空间的采光通风。该模式适合大型综合医院的医技部	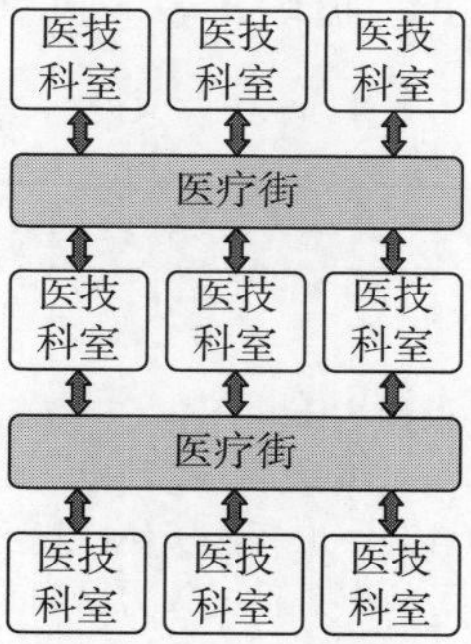

5.1.2　功能科室

医技部包含众多功能科室，每个医技科室包含的功能空间具体见表5-2。

表5-2　医技部功能空间组成

序号	科室	功能空间	主要设备
1	影像中心	包括**公共区**、**普放区**、**CT区**、**MRI区**、**医护辅助区**。公共区包括等候空间、登记发片室、静脉留置观察室、谈话间；**普放区**包括DR（含控制室）、更衣室、胃肠造影室、注射准备室、胃肠造影更衣室、钼靶检查室、钼靶检查更衣室；**CT区包括**CT检查室、控制室、患者更衣室；**MRI区包括**MRI检查室、设备间、控制室、患者更衣室；**医护辅助区包括**阅片室、库房、值班室、示教室、远程影像诊断中心、主任办公室、技师办公室、男女卫浴更衣室等	DR设备、移动DR设备、胃肠多功能机、CT机、MRI、骨密度检测仪、乳腺X线机等
2	检验中心	包括**污染区**、**潜在污染区**、**医护辅助区**。污染区包括标本接收室、标本前处理区、生化免疫实验室、血液实验室、体液实验室、分子实验室、微生物实验室、HIV检验室、PCR检验室、污洗室、污物存放间、冷库、常温试剂库、标本库房、危化品保存间等；**潜在污染区**主要是指缓冲间、空调间等；**医护辅助区包括**主任办公室、办公室、示教室（兼会议室）、男女卫浴更衣室、卫生间、值班室等	生化分析仪、免疫化学发光分析仪、流式细胞分析仪、质朴分析仪、血液分析仪等
3	内镜中心	包括**公共区**、**检查及检查辅助区**、**患者准备恢复区**、**医护辅助区**。公共区包括等候室、碳14呼气诊间；**检查及检查辅助区包括**胃镜检查室、肠镜检查室、呼吸内镜检查室、VIP检查室、胶囊内镜检查室、治疗室、处置室、污洗室、水处理室、内镜消毒室、储镜室、无菌库房、病理室、库房；**患者准备恢复区包括**麻醉准备室、麻醉恢复间、谈话间、患者卫生间、更衣室、物品存储室；**医护辅助区包括**主任办公室、技师办公室、示教室（兼会议室）、男女卫浴更衣室、值班室	胃肠镜主机、胶囊内视镜、喉镜、呼吸内镜等
4	输血科	包括**操作区**和**医护辅助区**。操作区包括诊室、标本接受室、输血相容性检测实验室、血液处置室、发血室、输血治疗室、恒温储血室、污洗室；**医护辅助区包括**主任办公室、值班室、男女更衣淋浴室、卫生间、库房、会议室	全自动血型仪、化学发光分析仪、血栓弹力图仪、血细胞分离机、低温离心机台等
5	药剂科	包括**门诊急诊药房**、**住院药房**、**中药加工区**、**静脉配液中心**、**药学研究管理区**。门诊急诊药房包括门诊药房、急诊药房、儿科药房等；**住院药房包括**摆药室、二级库、阴凉库、医嘱审核室、值班室等；**中药加工区包括**加工间、切片粉碎间、中药炮制室、煎药室、调剂区、中药库房；**静脉配液中心包括**审方打印办公区、摆药准备区、核对区、拆包区、普通药品调配间、营养药品调配间、抗菌药品调配间、成品区、发放区、针剂药房、冷藏库、阴凉库、大输液库等；**药学研究管理区包括**临床药师办公室、主任办公室、SPD项目组办公室、示教室兼会议室、值班室、处方留存室、资料室、男女卫浴更衣室	自动发药机、针剂回转柜、摆药机等
6	消毒供应中心	包括**接收区**、**清洁区**、**无菌区**、**医护辅助区**。接收区包括缓冲间、去污区、器械清洗区、水处理间、推车清洗间、床/床垫消毒间；**清洁区包括**缓冲间、敷料制备、敷料打包间、器械制备打包间、质检室、灭菌室、低温灭菌室、灭菌缓冲间、手术器械间、蒸汽间、清洁敷料通道；**无菌区包括**缓冲间、无菌物品存放区、无菌器械敷料存放区、一次性用品库、无菌器械敷料发放区、监测室、洁车清洗间、存放间；**医护辅助区包括**男女卫浴更衣室、主任办公室、会议室、值班室、库房等	压力蒸汽灭菌器、环氧乙烷灭菌器、低温等离子灭菌器、全自动喷淋清洗消毒器等

序号	科室	功能空间	主要设备
7	麻醉手术部	包括公共区、手术清洁区、清洁辅助区、污染区、医护辅助区。公共区包括家属等候区（可设置茶吧、简餐等服务设施）、转播间、谈话间；手术清洁区包括万级手术室、百级手术室、负压手术室、杂交手术室；清洁辅助区包括换床区、护士工作站、术前麻醉室、麻醉准备室、苏醒室、体外循环灌注准备间、无菌敷料库房、无菌器械库房、刷手间、洁净走廊；污染区包括污物存放室、污物处理室、污洗室、标本冰冻切片室、气瓶间、设备间、污物走廊；医护辅助区包括男女卫浴更衣室兼卫生通过、值班室、主任办公室、医生办公室、护士办公室、示教室、休息用餐区	
8	介入中心	包括公共区、清洁区、污染区、医护辅助区。公共区包括等候区、谈话间；清洁区包括更衣准备间、苏醒室、DSA 机房、DSA 设备间、DSA 控制室、护士工作站、治疗室、处置室、洁净库房、刷手间；污染区包括污物存放间、污物处理间；医护辅助区包括男女卫生通过、值班室、库房、主任办公室、技师办公室、示教室	DSA
9	重症医学	包括公共区、重症监护区、医护辅助区。公共区包括家属等候区、接待室、谈话间；重症监护区包括缓冲间、ICU 病房（包括单人间、多人间）、重症过渡病房、负压 ICU 病房、护士监护站、治疗室、处置室、药品库、被服间、检验室、库房、仪器储存库、营养配餐间；医护辅助区包括男女卫生通过、主任办公室、医生办公室、示教室、休息就餐室、值班室	
10	病理科	包括公共区、污染区、潜在污染区、医护辅助区。公共区包括登记区、等候区；污染区包括标本接收室、取材巨检室、制片区、晾片室、免疫组化实验室、分子病理实验室、细胞室、标本存放库、卫生材料库、危化品库、清洗消毒间、医疗污物间、危化品废液间等；潜在污染区包括诊断室、技术办公室、会诊室、主任办公室、玻片档案室等，病理档案室可建在医院地下空间；医护辅助区包括男女卫浴更衣室、值班室、休息用餐区等	脱水机、染色机、取材台、免疫组化染色机、冰冻切片机、显微镜等
11	放疗科	包括公共区、治疗规划区、放疗准备区、模拟定位区、放射治疗区、医护辅助区。公共区包括等候区、登记区、患者卫生间；治疗规划区包括诊室、治疗计划方案室、物理实验室、物理仪器室；放疗准备区包括患者更衣室、注射室、制模室、模具储藏室、配件图纸室；模拟定位区包括模拟定位控制室、模拟定位室；放射治疗区包括直线加速器治疗室、直线加速器控制室；医护辅助区包括治疗师室、工程师室、库房、男女卫浴更衣室、值班室、主任办公室、示教室	模拟定位机、直线加速器、后装放射治疗机、射波刀等
12	核医学科	包括公共区、控制区、监督区、医护辅助区。公共区包括患者等候区（一次候诊区）、患者登记取片处、核素治疗问诊兼抢救室；控制区包括 SPECT/CT 注射后等候区（二次候诊区）、SPECT/CT 运动负荷兼抢救室、PET/CT 注射后等候区（二次候诊区）、储源室、分装室、注射室、肺通气药物吸入室、放射性固体废物暂存间、污洗室、PET 患者更衣室、衰变池、回旋加速器机房（包括回旋加速器室、设备间、操作间、热室、气体室、质控室、放化实验室、湿淋室）、核素治疗病房（单人间、双人间等）、病房开水间、护理监控室、治疗室、储源室、防护用品储藏间、缓冲间、污物暂存间；监督区包括甲功仪室、骨密度仪操作室、放免实验室（离心分类室、放射免疫检测室、储藏室）、SPECT 检查室、PET/CT 检查室、工作人员男女卫生间、工作人员淋浴更衣室；医护辅助区包括治疗师室、工程师室、库房、男女卫浴更衣室、值班室、主任办公室、示教室	SPECT/CT、PET/CT、回旋加速器等

序号	科室	功能空间	主要设备
13	高压氧舱	**包括氧舱诊疗区、医护辅助区。氧舱诊疗区包括**候诊区、患者更衣室、诊室、高压氧舱、抢救室、治疗室、处置室、压缩机房、储气罐、氧源间、卫生间；**医护辅助区包括**男女卫浴更衣室、值班室、医生办公室、库房	高压氧舱
14	超声科	**包括公共区、检查区、医护区。公共区包括**登记处、等候等空间；**检查区包括**彩超检查室、介入B超、食道超声诊断室、谈话室等；**医护区包括**医生办公室、值班室、库房、男女卫浴更衣室、示教室	彩超
15	功能检查	**包括公共区、检查区、医护区。公共区包括**登记处、等候等空间；**检查区包括**脑电图室、动态脑电图室、心电图室、动态心电图室、运动平板室、肌电图室、肺功能检测室等；**医护区包括**医生办公室、值班室、库房、男女卫浴更衣室、示教室	脑电仪、心电图机、运动心肺仪、肌电图仪、肺功能仪等
16	血透中心	**包括公共区、透析治疗区、隔离透析治疗区、治疗辅助区、医护辅助区。公共区包括**家属等候区、患者登记处、患者换鞋处、更衣室、诊室、护士站、卫生间（男卫、女卫、残疾人卫生间、饮水点、清洁间等）；**透析治疗区包括**开放式透析区、透析配液间、污物间、被服库房、集中供液室、CRRT机存放间；**隔离透析治疗区包括**隔离透析区、单床隔离透析间、负压透析间、手术室、治疗室、污物间、被服库房；**治疗辅助区包括**消耗品库（干区）、消耗品库（湿区）、器械储备室、水处理室、工程师室；**医护辅助区包括**主任办公室、医生办公室、男女卫浴更衣室、休息用餐区、示教室（兼会议室）、值班室、库房、资料室等	血滤机、血透机、CRRT机等
17	日间病房	**包括患者区、治疗区、医护辅助区。患者区包括**病房（单人间、双人间、三人间）、无障碍卫生间；**治疗区包括**护士站、治疗室、处置室、抢救室、配餐间、开水间、污洗室、被服库；**医护辅助区包括**主任办公室、医生办公室、男女更卫浴更衣室、库房、值班室	日间病房床位数不计入医院总床位数
18	日间手术室	**包括公共区、清洁区、污染区、医护辅助区。公共区包括**等候区、更衣区、谈话间、卫生间；**清洁区包括**手术间、敷料间、处置室、刷手间；**污染区包括**污物存放间、污物处理间、标本病理室；**医护辅助区包括**男女卫生通过、值班室、休息用餐区、办公室、库房、示教室	手术间，数量根据医院具体需求设置

5.1.3 设计要点及原则

1）超声科集中设置，尽可能临近高频率使用的科室。

2）建议门诊设置检验采血和体液采样窗口，设在人流集中且交通方便之处，设立足够的等候厅。建议卫生间紧邻采样处，内部设有传递窗口。

3）内镜中心集中独立设置，需要满足感控要求。不同部位内镜的清洗消毒设备应当分开。

4）血透中心尽可能单独一层，患者有相对独立的出入口，避免交叉感染，分区布局符合感控要求。

5）手术部应与外科手术相关护理单元有便捷的联系，与消毒供应中心、血库、病理科、ICU形成功能组团，最好与ICU有内部通道，就近布局形成高效联系。

6）日间手术室需要与日间病房联系密切。

5.2 医疗流程及空间设计

5.2.1 医疗流程

医技部科室多，流线复杂，不同科室对于流程的要求也不一样（表5-3）。

表5-3 医技科室医疗流线

科室	流线要求	图示
影像中心	影像中心为平台科室，独立设置成区。门诊检查人次最多，应与门诊有便捷的联系。内部患者通道和医护人员通道分开设置，同种设备应集中布置，方便技师操作，控制室可以集中布置	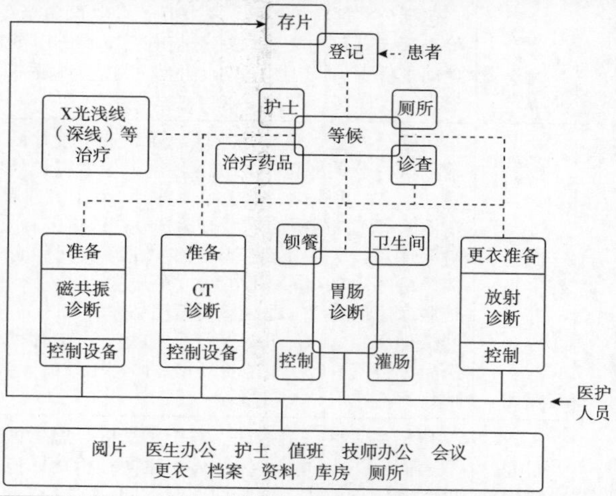
内镜中心	患者流线便捷、各内镜检查单元有序排布、洁污分区清晰、整体流程顺畅。其中须着重考虑的是器械洗消、存储与患者检查流线的位置关系	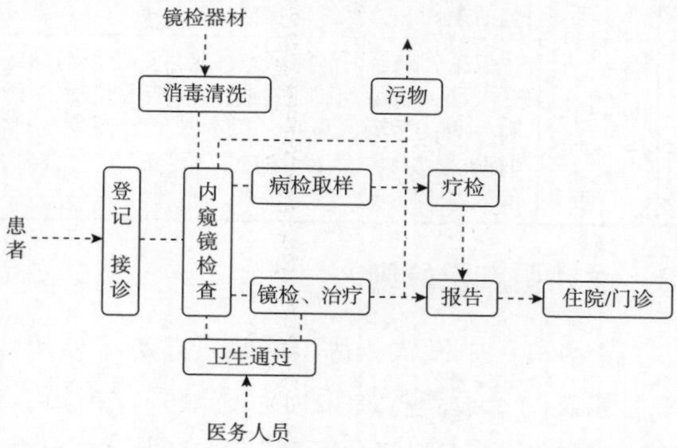
手术中心	医生入口与患者入口要分开，医患分流；洁净物品与污物要分开，洁污分流，满足医院感要求，污物通过污廊进入污物暂存间，然后直接进入污梯	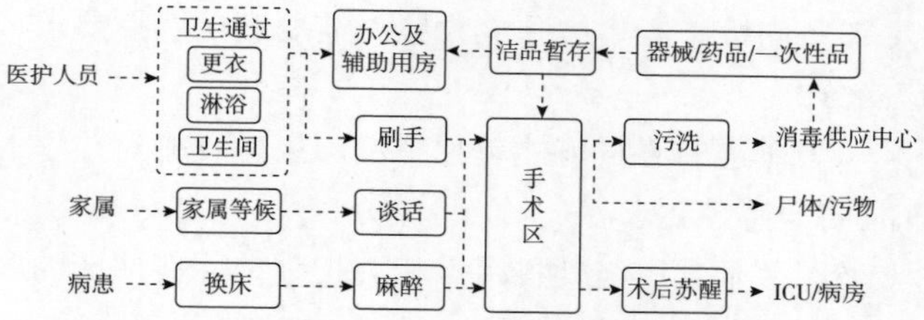

科室	流线要求	图示
重症医学	与手术室联系频繁，同层水平联系最佳，与手术室上下层布局时应通过专用手术电梯联系。将医务人员、患者、医疗污物和洁净物品供应通道分开设置，预留自动化物流传输通道	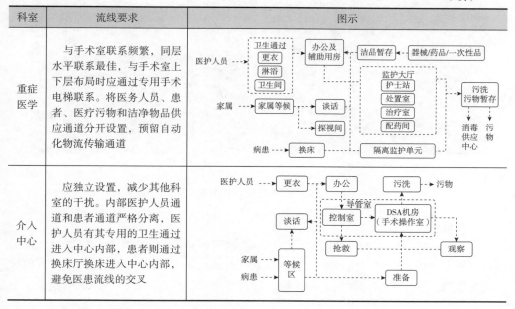
介入中心	应独立设置，减少其他科室的干扰。内部医护人员通道和患者通道严格分离，医护人员有其专用的卫生通过进入中心内部，患者则通过换床厅换床进入中心内部，避免医患流线的交叉	

5.2.2 空间设计

医技部的科室众多，无论是集中高效的布局方式还是偏于分散的布局方式，为避免各科室之间的相互干扰，在满足部门之间联系方便的基础上（如手术部与血库、重症监护室等联系密切），更要保持科室的相对独立性。

1. 端部设计

医技科室与医疗街、庭院或大厅连接时，应保证科室的相对独立性，尽量为端部布局，大的医技科室可能要占用多个端部。在科室内部根据功能需求再按照前文阐述的领域性原则进行进一步的空间布局，如候诊空间具有一定公共性，位于入口处，将科室与其他科室划分开，科室功能空间根据工艺流程需要布置在科室内侧。如图5-1所示，内镜中心设置在医疗街的一侧，通过入口门将其与医疗街分隔开，科室位于端部，不受医疗街干扰。

图 5-1 端部设计

2. 闭合设计

各科室具有一定的独立性，通过入口与医院街、大厅等公共空间相连，科室本身应处于相对闭合的状态，不允许其他科室的功能房间与其穿套设置。如图5-2所示，科室入口用门禁控制，整个科室闭合设计，与其他科室没有交叉。

a）独立设置   b）污物入口

图5-2　独立闭合的科室

3. 同层设计

联系密切的科室应布置在同层，如果不能同层，应设置内部楼梯或者电梯，以保证科室联系方便、保证工作效率。如手术室与消毒供应中心需要通过内部清洁电梯保证内部联系，保证手术需要的洁净器械、敷料等能够不被污染、快速地运送到手术中心内部。

4. 医患分区

医技科室在设计时应注意医患分区、洁污分流。医护人员宜有单独的出入口和通道，单独设置患者出入口，患者出入口应与大厅或者医院街联系方便。如图5-3所示，两个入口皆为医护人员通道，与患者入口分开，医患分区，流线清晰。

a）功能检查医护人员入口   b）检验中心医护人员入口

图5-3　医患分区

5.3　色彩搭配

不同的医技科室可以根据需要采用不同的色调进行装饰。一般情况下偏冷的色调能够使患者心情平静，抑制紧张焦虑的情绪，宜用于诊查类医技科室中，对于采集患者的影像和数据起到积极支持的作用。偏暖的色调能够安抚患者生理上的疼痛感，可用于治疗类的医技科室中。同一个科室，也可以根据空间的特点进行环境色彩设计，比如手术室采用蓝绿色，而家属等候空间可采用暖色调，从而创造出一个色彩丰富的科室环境。表5-4为部分医技科室的色彩搭配建议。

确定好各医疗空间的色彩基调后，可以通过装饰物增加一些协调的辅助色，达到更加均衡的视觉效果，整个空间的颜色不宜超过三种。医疗空间中不应该出现大面积深色色块，会给患者造成无形的心里压迫。整个空间中色彩的选择应该与医院所传达的文化价值以及医院整体风格相统一。

表5-4　部分医技科室的色彩搭配

科室	色彩搭配	图示
影像中心	色彩宜淡雅，宜用高明度、低彩度的色彩，营造宁静清爽的氛围，舒缓患者压力。一般选择中性色调，如淡绿色、淡蓝色、米色等。小面积的装饰物和标志物可以适当选择亮丽的色彩	
内镜中心	色彩宜淡雅，宜用高明度、低彩度的调和色。顶棚可选择白色、米色等浅色，墙体可选择米色、蓝色、绿色等颜色，地面可选择灰色、蓝色等颜色	
手术中心	一般手术室以蓝色、绿色为主，除了能够营造宁静的空间氛围，还能消除手术过程中血液的红色所形成的补色残像。随着内镜手术发展，手术室的色彩也日益多样化，选用暖色系的案例逐渐增多。等候区可采用灰色、米色、雾霾蓝等较为沉稳的颜色，局部也可以使用一些纯度、明度较高的颜色，如黄色、绿色等。换床间、麻醉间、清洁走廊等患者必经的地方，其墙面和顶棚可采用明度较高、色彩纯度较低的柔和色调，减少封闭感和压抑感	

科室	色彩搭配	图示
重症医学	一般采用明度较高、色彩纯度较低的柔和色调，营造洁净、明朗、安静的空间氛围，有助于病患恢复，也能提高医护人员的工作效率	
介入中心	通过色彩营造舒适亲切感，缓解患者的紧张情绪，起到配合治疗的效果，如顶棚一般选用白色或米色等色彩，墙面一般选择淡绿色、淡蓝色等色彩，地面可选择灰色或者选择比墙面略深一点的色彩	

5.4 材料选择

不同的功能科室需要根据不同的使用需求选择合适的装饰材料，不仅要满足功能需要，同时还要取得良好的空间装饰效果。有些科室在选择装饰材料时还需要考虑设备辐射等问题，在空间界面上需要使用防辐射的材料，如影像中心的DR、CT等空间，因此医技科室的装饰材料根据不同科室的需求进行选择，下面以几个主要医技科室为例说明主要选择的装饰材料（表5-5）。

表5-5 部分医技科室的装饰材料

科室	要求	装饰材料	图示
影像中心	地面应符合平整、防滑、耐摩擦、耐酸碱、易清洁等要求；墙面选择不开裂、阻燃、易清洁、耐碰撞的材料；顶棚选择抗污、不落尘、不霉变、易清洁、易维护的材料。应考虑防辐射的要求，满足防辐射的相关规定	地面可以选用环氧树脂、橡胶地板、PVC卷材等材料；墙面可选择铝板、抗倍特板、木饰面板、乳胶漆等材料；顶棚可选铝单板、铝扣板、纸面石膏板刷强效洁净涂料、矿棉板、纤维硅酸钙板等材料	

科室	要求	装饰材料	图示
内镜中心	地面应符合平整、防滑、耐摩擦、耐酸碱、易清洁、无尘土等要求；墙面选择不开裂、阻燃、易清洁、耐碰撞的材料；顶棚选择抗污、不落尘、不霉变、易清洁、易维护的材料	地面可以选用环氧树脂、橡胶地板、PVC卷材等材料；墙面可选择树脂板、彩钢板、抗倍特板、木饰面板、抗菌乳胶漆等材料；顶棚可选择铝单板、铝扣板、纸面石膏板刷强效洁净涂料、矿棉板、纤维硅酸钙板等材料	
手术中心	地面应平整、防滑、耐摩擦、耐酸碱、易清洁；墙面应满足隔音、坚实、光滑、无缝隙、防火、易清洁的要求；顶棚应选择质轻、光滑、易于清洁、耐腐蚀、抗污染的材料	地面可以选用环氧树脂、PVC卷材、橡胶地板等材料；墙面选用电解钢板、不锈钢板、彩钢板和安全消毒板等材料；顶棚可以选用钢板、铝板、千思板等材料。复合手术室应满足防辐射的相关规定。等候区可以使用自然纹理的木饰面板等材料，空间更具有亲和力，缓解家属的焦虑情绪	
重症医学	地面应选择耐磨、防滑、耐腐蚀、易清洗、不易起尘和开裂的材料；墙面符合不易开裂、阻燃、易清洗和耐碰撞等要求；顶棚选择抗污、不落尘、不霉变、易清洁、易维护的材料	地面可选用同质透心PVC卷材、橡胶地板等材料。墙面可选用彩钢板、抗倍特板涂抗菌乳胶漆等材料；顶棚可选择铝单板、铝扣板、纸面石膏板刷强效洁净涂料、矿棉板、纤维硅酸钙板等材料	
介入中心	地面应满足防滑、耐磨、抑菌、易清洗、防火、抗静电等要求；墙面应满足防火、耐旧、环保、隔声等要求；顶棚应满足防火、环保、耐旧、吸声等要求。应考虑防辐射的要求，满足防辐射的相关规定	介入中心与手术中心使用的材料相似，具体参考手术中心的选择材料。介入中心手术室有辐射防护的要求，可选用铅皮、铅皮复合板、硫酸钡板、硫酸钡水泥等防辐射材料进行防护。介入治疗手术室的门通常选用防辐射门。DSA机房控制室和检查室之间的观察窗采用铅窗	

5.5 物理环境设计

医技科室的物理环境设计比较复杂，有一些科室需要专项设计，例如手术中心对于照明、空气净化等要求都很高，需要专项设计介入，这里只是介绍一下部分医技科室的一般物理环境设计应注意的事项（表5-6）。

表5-6　部分医技科室的物理环境设计

科室	光线	声音	图示
影像中心	1）医护人员常年停留的区域应具有自然采光和通风 2）扫描室照度应达到200lx，色温在3300～5300K，显色指数不低于85 3）扫描室需设X射线警示标志及设备使用中警示灯，一般位于门口上方0.2 m处 4）情景照明：可适当设置心理窗，调节大型设备带来的冷漠感以及封闭空间的幽闭感	1）在布局上尽量远离嘈杂的空间，通过装饰材料及构造做法实现吸声减噪 2）对门窗、墙体等部位进行增加气密性和隔声处理 3）在等候空间播放适宜的背景音乐消减噪声干扰	 
内镜中心	1）检查操作间宜自然通风，设有独立新风系统 2）一般照明：环境明亮，无眩光，建议设计照度300lx 3）可以增加一些装饰性灯具，以营造轻松、舒适的就医环境，灯具宜采用暗藏灯带二次反射柔光	1）在布局上尽量远离嘈杂的空间，通过装饰材料及构造做法实现吸声减噪 2）对门窗、墙体等部位进行增加气密性和隔声处理 3）在等候空间播放适宜的背景音乐消减噪声干扰	 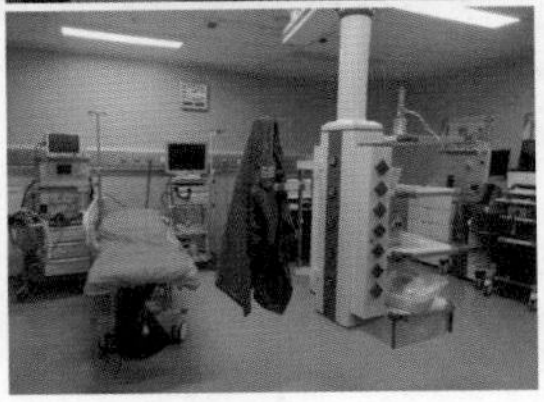
手术中心	1）手术等候区宜有自然采光，营造开敞明亮、整洁舒适的宜人环境 2）苏醒室宜有自然采光，患者苏醒后能看到室外的景色，窗的尺寸不宜过大，最好采用整片玻璃以便密封，如无法开窗可布置绘画作品 3）医护人员办公休息空间应具有天然采光和通风 4）手术室的人工照明设计具体见第5.8.2节的内容	1）在布局上尽量远离噪声较大的车行道、公共设施或人流量较大的科室，避免噪声干扰 2）改善建筑材料及构造做法，实现吸声减噪和隔声降噪，对门、墙体等部位的构造进行隔声和吸声处理 3）播放背景音乐消减噪声干扰，创造舒适愉悦的声环境	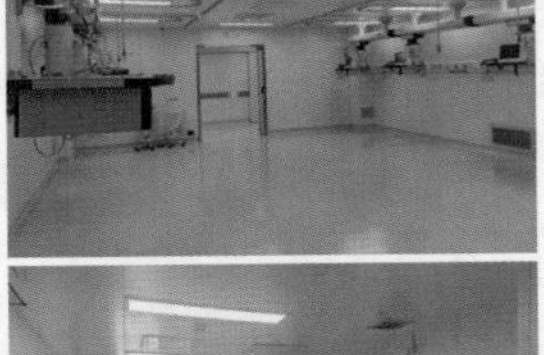 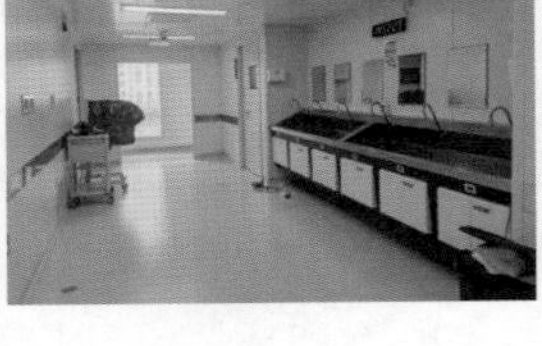

科室	光线	声音	图示
重症医学	1）监护病房及医护办公室宜有自然采光 2）重症监护室的一般照明宜采用高显色光源，其显色指数应不小于80，色温宜为3300～5300K，照度标准值为300lx。夜间照度宜大于5lx。可采用荧光灯或者LED灯，应采用不易积尘、易于擦拭的气密型洁净灯具	1）重症护理区噪声级在白天不宜超45dB、夜晚不宜超过40dB 2）除设置大空间的监护区外，宜设置多人监护病房和单人监护病房，减少噪声的干扰 3）在顶棚、地面等部位采用吸声材料达到减噪的效果	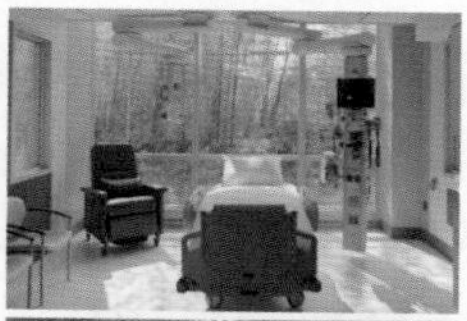 
介入中心	介入中心的照明要求与手术中心基本相同，照明设计参照手术中心	介入中心的声环境处理与手术中心基本相同，参照手术中心	 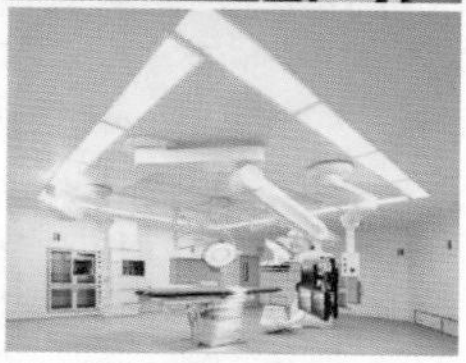

5.6 人文环境设计

有的医技科室的设备比较多，患者检查和治疗的时间比较长，给人带来冰冷的感觉以及恐怖的情绪，因此就医患者较多的医技科室更应该注重人性化设计，打造有温度的医技科室空间（表5-7）。

表5-7 部分医技科室的人文环境设计

科室	人文环境	图示
影像中心	1）患者候诊时可以阅读观看书刊、电视等媒介的知识宣传，消除患者的焦虑情绪和恐惧感 2）使用自然主题的壁画作为室内装饰，可以通过灯光氛围营造放射科的温暖基调，在色彩选择方面多使用中性色，在空间中覆盖一定比例的木材使人感到亲切。最后将自然题材壁画作为等候区域的装饰弥补自然元素的不足 3）患者候诊区可采用自然通风和采光，适当摆放一些盆景和自然植物，缓解焦虑的情绪 4）设置中性卫生间、更衣间、开水间等 5）在科室附近的合适空间摆放自助打印设备，方便患者使用	 

（续）

科室	人文环境	图示
内镜中心	1）普通内镜等候患者与无痛内镜等候患者在二次等候处分开，避免患者之间的心理影响 2）设置独立谈话室，确保交谈的私密性 3）麻醉准备和复苏区可采用帘幕、隔断等保护患者的隐私 4）VIP 区域应设置独立的通道、更衣室、休息区及诊疗室 5）为患者设置独立的更衣间和卫生间，保护患者的隐私 6）候诊区要有自然的采光通风，设置绿植及艺术品等，缓解患者情绪。座椅数量应满足需求，形式灵活设置，空间可以分区设置	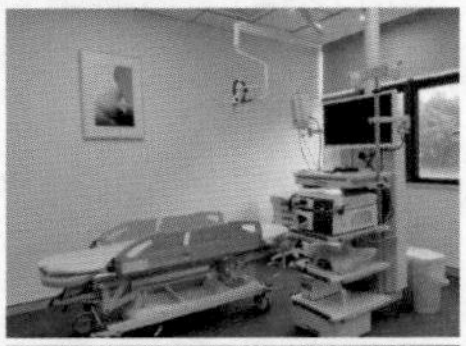 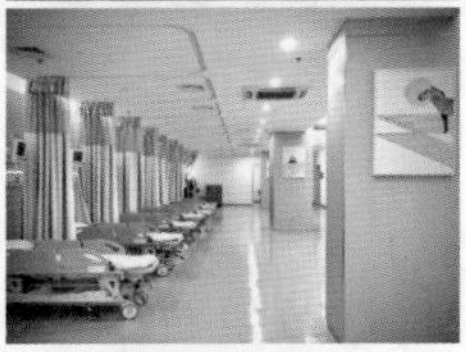
手术中心	1）家属等候区应配套自动售卖机、卫生间等便捷附属设施，等候区多分区设计，在吧台设置茶水、充电等功能设施，在休憩区摆放书架及多样化座椅，便于以家庭为单位围坐及交谈，增加空间活力，缓解压力 2）医护人员休息及办公区通过舒适的室内家具、开阔的窗外视野、美观的景观设施打造舒适的环境 3）等候区内设置电子告示牌，显示患者的手术进程，适当播放一些术后护理知识或新闻 4）可在换床间、麻醉间、清洁走廊等患者经过空间的墙上挂风景画等装饰，减少患者的焦虑情绪 5）谈话室可以设计得开敞一些，与周边的空间在视觉上有一些联系，减少家属的焦虑情绪	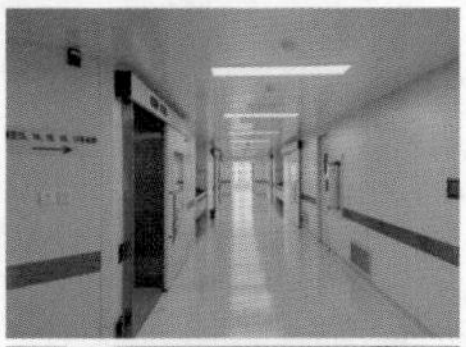  
重症医学	1）应注重床周空间的隐私保护，开放式病房中保证床间距要求，使用帘幕将病床相隔绝开 2）有条件的医疗单元可全部设置单间病房或少床病房 3）医护办公教学用房与其他区域相对分离，形成相对安静的工作环境，保证医生集中精力完成治疗方案 4）应考虑设置家属等候用房，不同家属之间保持合理的社交距离，谈话间的设计要保证谈话的私密性 5）有条件的医疗单元还可设置家属休息室 6）设置视频探视区，通过 5G 技术及远程探视系统，方便家属与患者交流，了解患者情况，安慰患者，从心理上和精神上支持患者康复	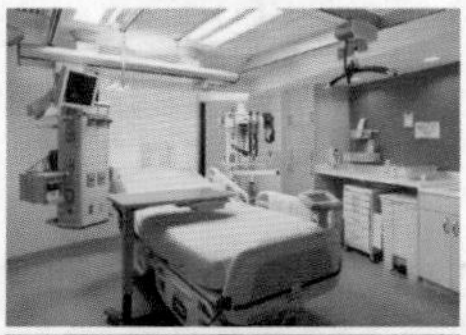 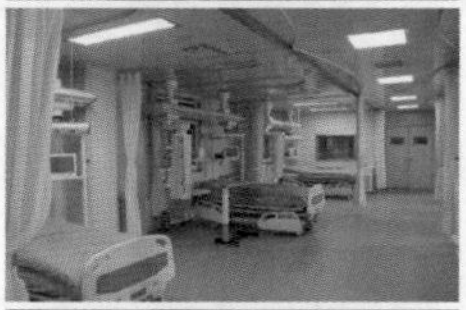 

科室	人文环境	图示
介入中心	1）等候空间的设计应尽量做到宽敞明亮，面积适当做大点，同时很多等候区都有电视，可以播放一些与科室疾病相关的宣传资料，增加患者家属对于疾病的正确认识 2）设置医护人员休息区，存放一些咖啡、茶饮等，缓解工作压力 3）控制室空间可以设计得更加人性化，在操作台外布置沙发等家具，可以供医生手术换台休憩期间小憩或者讨论疑难问题，成为集科研、休息于一体的综合空间	

5.7 其他

5.7.1 无障碍设计

1）条件允许的情况下可以设置无障碍坡道，坡道应设双导线扶手，以方便患者使用（图5-4）。

2）楼梯应有起止步盲人指示。电梯按键高度需考虑到坐在轮椅上的人的需要，而且按键上应有盲文，每到一层都有语言提示层数，方便盲人。电梯门及轿箱需考虑轮椅、担架车的撞击防护。

3）医技科室候诊空间要留有轮椅患者专用的位置。

图5-4　室内无障碍坡道

5.7.2 标识寻路设计

医技部门科室功能繁多、流线复杂、封闭空间较多，系统的标识体系对寻找目的地的患者而言非常重要。

1.利用标识进行引导

宜使用文字、色彩、图示等标识，设置在患者需要路线选择的节点上，提供分层、分区域的标识信息。

（1）**分区标识**　应在科室节点位置、公共活区域等显著位置设置分区标识（图5-5）。

（2）**地面标识**　科室内通道的地面上可粘贴地面指示标志（图5-6）。

| a）位置标识 | b）科室标识 | a）位置标识 | b）科室标识 |

图5-5　分区标识　　　　　　　　　　　图5-6　地面标识

（3）**墙面标识**　在墙面、柱面、门等适当位置设置标识，包括楼层位置标识、房间标识等，特殊的空间需张贴相关提示或者警示标识，标识的高度、颜色、大小、类型、距离等应符合标识规范要求（图5-7）。

（4）**顶部标识**　在顶棚设置科室指向标识（图5-8）。

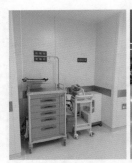

| a）设备提示标识 | b）科室提示标识 | a）功能检查科指向标识 | b）检验科指向标识 |

图5-7　墙面标识　　　　　　　　　　　图5-8　顶部标识

（5）**消防标识**　设置消防疏散标识，出现特殊情况时，消防应急照明应能正常使用。

（6）**电子标识**　应设置信息发布及查询系统，向患者提供信息告示、标识导引及信息查询。

（7）**其他**　紫外杀菌消毒灯应用专门的开关控制并有专用标识。

2. 利用趋光性进行路线引导

除了用指示牌对患者进行引导外，还可以利用人的趋光性心理进行路线引导。在大量的封闭空间中，有自然光或者照明对比强烈的空间能够得到患者更多的关注，患者往往会选择具有明显光线的路线行进。可以在重要科室和患者流量大的科室等候区域设置有自然采光或者照明变化明显的空间。如图5-9所示的介入诊疗中心，科室入口采用大面积的落地玻璃，明亮的光线从空间内部透射出来，与周边的白色墙面形成鲜明的对比，患者从较远处就能看到科室的入口，具有较好的识别性。

a）介入诊疗中心入口　　　　　b）大面积落地玻璃开敞明亮

图5-9　趋光性识别

3. 利用标志物进行引导

在重要地段或者科室比较多的地段设置地标性陈设、装置、艺术品、照明灯具等进行引导。这些标志物容易被患者注意并记住，也可以成为服务人员的指示标志，便于引导患者找到要去的科室。如图5-10所示的影像科室，在入口处设置卡通形象的壁画，不仅缓解了患者面临检查时的焦虑情绪，还方便患者识别空间位置。

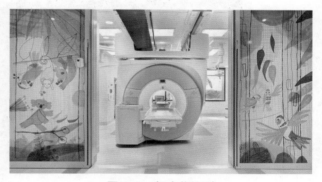

图5-10　标志物识别

4. 利用色彩分区进行引导

用不同的颜色代表不同的医技科室，如绿色区域是手术区、蓝色区域是影像区等。为了便于人们分辨清楚，所采用的色彩不宜过多。

5.7.3　陈设小品

1）绿色能够缓解患者的焦虑情绪，因此应在患者等候空间设置绿植，营造自然轻松的候诊环境（图5-11）。

图5-11　绿植

2）适当设置艺术品能缓解患者的消极情绪，可陈列绘画作品、壁画、雕塑等艺术品，尽量选择以自然为题材的艺术品，建立环境与自然的联系，使空间具有疗愈性。如图5-12所示的走廊空间，在展示架上设置自然题材的摄影作品，与对面的绿植相映成趣，让患者通过观看展览减缓就医压力。

图5-12　设置艺术品

5.7.4　服务设施

1）适当设置自动售卖机、饮水机等设施，分散布置于走廊、等候厅等易于识别的区域（图5-13）。

a）充电宝等便利设施　　　　　b）自动售卖机

图5-13　自助服务设施

2）适当布置休闲交流空间，利用绿化、各种形式的座椅布置边角空间、凹入空间（图5-14）。

a）采光充足的休闲空间　　　　b）将边角布置成交流空间

图5-14　休闲交流空间

5.8 典型空间设计

5.8.1 超声检查室

1. 功能布局

超声检查室是利用超声设备对患者进行检查的场所。检查方式有彩色多普勒检查、黑白B超检查等。根据医疗行为特点，将室内空间划分为患者更衣区、检查区、工作站，总面积不小于15m²。患者检查时可能需要脱去衣服，需要设置更衣区，可使用隔帘进行分隔。检查床应离入口较近，工作站与检查床垂直，在医生工作区沿墙面放置挂衣钩、资料柜、洗手盆等设施。垃圾桶布置在检查床的尾部，医生工作站旁边宜单独放置一个垃圾桶，方便使用（图5-15）。

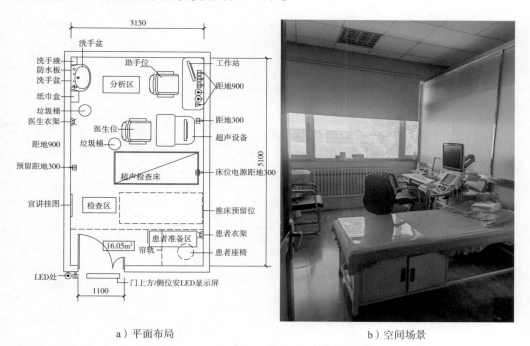

a）平面布局　　　　　　　　　　　　b）空间场景

图5-15　超声检查室

2. 空间要求

患者进入检查室先更衣，然后就近上检查床，按照医生要求躺在床上准备检查。医生在另外一侧操作仪器对患者进行检查，为满足医生右手操作的习惯，要求房间布局均为一侧布置。

3. 物理环境

（1）采光照明

1）超声空间宜采用自然采光和通风。

2）人工照明的照度应达到300lx，色温在3300～5300K，显色指数（*Ra*）不低于85，应满足多级控制要求，可选择格栅灯等漫反射灯具或者反射光灯具，以减少眩光。

（2）**声环境**　地面材料选用噪声小的软性材料，减少人流行进时产生的噪声；顶棚装饰材料可以选用吸声材料，如穿孔金属板、矿面吸音板等；对可移动的家具设备可加设防噪声软垫。

墙体的构造要满足隔声要求，如果是轻钢龙骨隔墙，内部需要填充隔声材料。门窗等结构应考虑其气密性，减少噪声的传入。

4.色彩材质搭配

（1）**色彩**　B超检查室应采用淡雅柔和的色彩，色彩应统一，营造安宁的检查环境。

（2）**材质**　诊室材料应耐污染、易于清洁，地面选择柔性材料，墙面选择纹理细腻、色彩柔和的装饰材料，顶棚选择质轻吸声的材料。

5.其他

（1）**设备**　B超检查室的家具设备如表5-8所示。

表5-8　B超检查室家具设备

	名称	数量	规格	备注
家具	诊桌	1	900×535	宜圆角
	诊床	1	700×1850	宜安装一次性床垫
	脚凳	1	200	高度
	垃圾桶	1	300	直径
	诊椅	1	526×526	带靠背、可升降、可移动
	衣架	2		尺寸根据产品型号
	帘轨	1	1800	尺寸根据产品型号
	洗手盆	1	500×450×800	宜配备防水板、纸巾盒、镜子、洗手液
	储物柜	1	900×450	直径
设备	工作站	1		包括显示器、主机、打印机
	LED	1		尺度根据产品型号
	超声设备	1		尺度根据产品型号

（2）**其他**

1）超声设备对电源有特殊要求，建议使用纯净电源。

2）需设置帘幕保护患者隐私。

5.8.2　手术室

手术室按照医疗专科分类可分为骨科手术室、普外科手术室、眼科手术室、妇产科手术室、烧伤外科手术室、肛肠科手术室、口腔科手术室、肿瘤科手术室等。

手术室按照医学装备分类可分为常规手术室、复合手术室、机器人手术室等。手术室按照空气净化程度可分为Ⅰ级、Ⅱ级、Ⅲ级、Ⅳ级手术室以及负压手术室。负压手术室主要用于有气溶胶传播或者未知原因感染的手术。

1. 功能布局

（1）常规手术室（万级层流手术室）　常规手术室是用于手术治疗的专用功能房间。室内需严格控制细菌数和麻醉废气气体浓度，提供适宜的温度、湿度，创造一个洁净的手术空间。手术室使用层流超净装置对空气进行处理，对房间人流动线、物流动线有严格要求。洁净手术室需满足《医院洁净手术部建筑技术规范》（GB 50333—2013）要求。房间内需设置无影灯、手术床、医用吊塔、麻醉设备、监护仪等设备。

手术室按照净化程度的不同，面积要求也不一样，具体如表5-9所示，具体空间布置如图5-16所示。

表5-9　手术室空间面积

名称	最小净面积 /m²	参考长 × 宽 /（m×m）
Ⅰ级	48	8.0×6.0
Ⅱ级	42	7.0×6.0
Ⅲ级	35	7.0×5.0
Ⅳ级	32	6.5×5.0

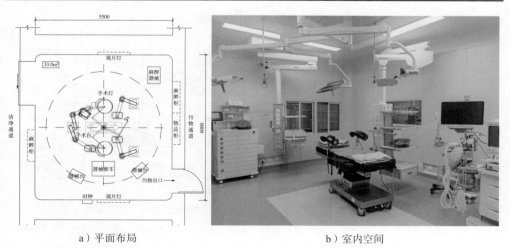

a）平面布局　　　　　　　　　　　b）室内空间

图5-16　常规手术室

（2）复合手术室　复合手术室是指由多学科融合交叉而产生的手术室。包括DSA复合手术室、术中CT复合手术室、术中MRI复合手术室和术中放疗复合手术室等。复合手术室除涉及洁净技术外，还涉及辐射防护和电磁屏蔽技术，既需要满足手术室对环境温度、湿度、洁净度以及基本设备等方面的要求，又要符合大型医疗设备、多种信息系统的安装和使用条件，相较普通手术室更为复杂，是现代化医院的一个重要标志。

复合手术室拥有不同的复合类型，其工艺条件除常规手术室的需要外，重点在于空间大小、荷载、分区、供电、防辐射等方面的要求。设计中需要预留足够的面积，同时考虑设备运输路径（图5-17）。

复合手术室的建筑面积不应低于48m²，净高不宜低于3.0m。以DSA复合手术室为例，手术室最小尺寸为8m×6m，设备间最小尺寸为2.4m×3m，控制间最小尺寸为2.6m×4m，具体如图5-18所示。应预留设备通道，DSA复合手术室主机房和走道宽度不宜低于2.2 m，高度不宜低于2.4 m。设备间和控制间门净宽不宜低于1.0m，高度不宜低于2.1 m。

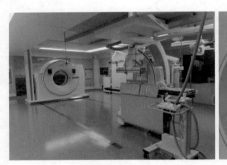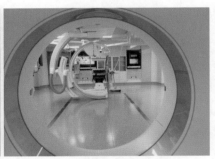

a）内部空间（一）　　　　　　　　b）内部空间（二）

图5-17　术中CT复合手术室

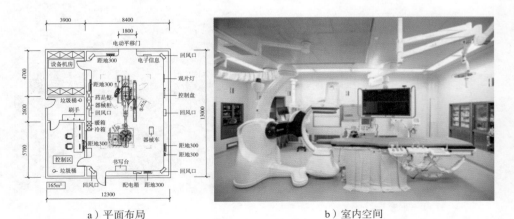

a）平面布局　　　　　　　　　　b）室内空间

图5-18　DSA复合手术室

（3）负压手术室（正负压转换手术室）　负压手术室是专为给传染病患者手术时减少疾病传播而建设的手术室。负压手术室自成一区，有独立出入口，内部配备专用的无菌储物间，可及时分离洁净物和污染物，能冲洗消毒间及通道；外部与手术部通道之间设立隔门缓冲室，以便对负压手术室进行隔离封闭（图5-19）。采用独立的空调排风系统，可有效防止有害气体的外溢和院内感染。正负压转换手术室可以根据需要转换为正压手术室或负压手术室使用，转换后要保障负压手术区的合理压差分布，不影响其他手术的使用流程。

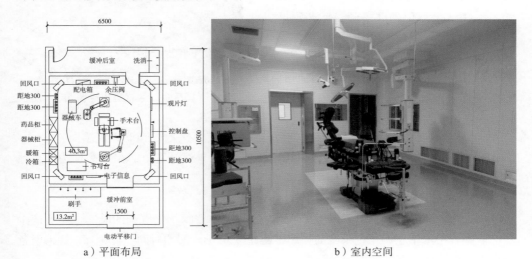

a）平面布局　　　　　　　　　　　　b）室内空间

图5-19　负压手术室

2. 空间要求

手术室的间数按外科系统床位数确定时，应每20～25张床设1间手术室。手术部与ICU、血库、产科等联系密切，宜远离垃圾站、厨房、大型设备机房等，避免污染，减少噪声。

3. 物理环境

（1）采光照明　由于手术室有净化要求，所以现在的手术室一般都为无窗的空间，采用人工照明，人工照明设计主要有以下5点。

1）一般照明：手术室的一般照明是以手术台为中心，呈环形在手术台周边均匀布置。灯具应选择密闭洁净灯具，宜吸顶安装。色温与无影灯光源的色温相适应，显色性应接近自然光，宜采用可调光、调照度的灯具（图5-20）。

图5-20　手术室一般照明

2）重点照明：手术台上方采用吊装式手术无影灯，可移动调节，安装高度以3.0～3.2m为宜，显色指数接近自然光，用于提高病灶组织、血液等术中视野内容的辨识度。手术区的适宜照度应视手术性质、医生的感受要求而定，太弱影响操作，太强眼睛难以适应，一般手术台的照度为2000～5000lx。手术无影灯的光线强度应该是可以调节的，室内一般照明的强度也应随之变化，手术精细度越高，照明强度也应该越高（图5-21）。

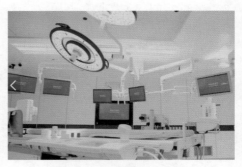

图5-21　手术室重点照明

3）观片照明：墙上设置嵌入式观片照明，观片灯中心高度宜与人体站立时视线的高度齐平，取1.5～1.6m，宜采用连续可调光控制。

4）警示照明：手术室外侧的门口上方0.2m处设置信号灯，以防误入。

5）其他照明：还应配备应急照明电源；设置紫外线消毒灯，吊装高度为距离地面2.2m。

（2）声环境

1）应选用低噪声的设备机组，在允许的范围内控制净化空调的风速，避免产生噪声。一般手术室空调净化系统的噪声不得超过50dB，回响时间应低于1s，如果设备噪声大，可以通过安装消声器来解决。

2）选用吸声、隔声的装饰材料或者构造来降低噪声干扰。可以采用柔性地面材料降低因地面引起的各种响声。手术室隔墙、门窗采用隔声的材料与构造。

3）为了减少喊叫行为，应合理布置扬声器，根据医院的手术部净高布置相应的扬声器间距。

4）长时间在固定环境中工作会感到枯燥和疲劳，适当播放背景音乐，可以缓解不愉快的噪声干扰。在手术过程中也可以播放背景音乐，音量应控制在患者愿意接受的程度，为患者营造出一种舒适、和谐的气氛，使患者的紧张情绪得以缓解。

（3）温度　现代手术室不仅把室温视为舒适需要，同时还考虑到合适的温度有利于切口愈合和控制细菌浓度。《综合医院建筑设计规范》（GB 51039—2014）中规定手术室的室内温度应控制在20～26℃。

（4）湿度　麻醉剂环丙烷与氧气、一氧化氮的混合气体易发生爆炸。而在相对湿度为50%的地方，设备表面会形成薄薄的水汽膜，有助于防止静电集聚，从而避免产生火花。考虑到以上因素和国内的技术条件，我国《医院洁净手术部建筑技术规范》要求Ⅰ级、Ⅱ级手术室相对湿度控制在40%～60%，Ⅲ级、Ⅳ级手术室相对湿度控制在35%～60%。

4. 色彩材料搭配

（1）**色彩** 手术室的色彩通常为绿色系，因为绿色与血液的红色互为补色，能减轻医护人员的用眼疲劳，也有促进患者心理平静的作用。随着医疗设备及技术的进步，手术部的色彩也可以设计得丰富多彩，改善手术室单一的色彩环境。

1）浅色系：白色、米色等浅色系有扩张空间的视觉效果，不容易产生视觉疲劳，营造洁净的空间氛围，配以局部的色彩点缀，能够活跃空间。如图5-22所示，手术室整体采用白色、米白色等浅色系进行色彩搭配，中心手术区的地面采用蓝色，与周边的浅色环境形成对比，突出了手术区的位置，也活跃了空间氛围。

2）蓝色系：采用浅蓝色作为手术室的主色调，营造宁静平和的场景氛围，具有一定的科技感。如图5-23所示的手术室，采用浅色的雾霾蓝，营造出宁静淡雅的氛围，使患者不烦躁，也能使医护人员心态平静，提高效率。

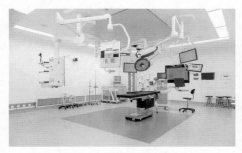
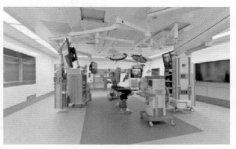

图5-22　浅色系搭配　　　　　　　　　　图5-23　蓝色系搭配

3）绿色系：绿色是象征生命的色彩，能带来生命的气息，对于无自然采光的手术室来说，绿色能够缓解幽闭带来的压抑感。同时绿色用在手术室能够消除手术室内血液的红色所形成的补色残像。如图5-24所示的手术室，浅绿色为主要配色，营造舒适、有生机的空间氛围，同时缓和医生手术时的视觉疲劳。

4）暖色系：采用黄色等暖色系色彩作为手术室的主色调，能够营造温馨舒适的视觉效果。如图5-25所示的手术室，整体色彩为黄色调，墙面色彩采用了黄绿色，整体颜色协调统一。

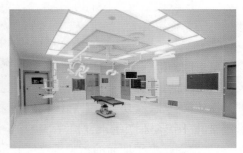

图5-24　绿色系搭配　　　　　　　　　　图5-25　暖色系搭配

5）多样化设计：随着现代科学技术的发展，手术室对背景墙的色彩要求也不再单一呆板，手术室的色彩选择也越来越多样化，可以采用轻松舒适的色彩和灯光设计，用定制化的背景图体现手术室的个性化色彩设计。如图5-26所示的手术室，墙面采用大面积的黄绿色定制图案，打造具有主题特色的手术室空间。

图5-26　多样化设计

（2）材料

1）墙面：无菌手术室的墙面要求光滑平整，构造上与基层之间不应有缝隙，表面无反光，细菌难以生长，易于清洁，可抵抗各种消毒液，具有一定弹性。可以选用电解钢板、不锈钢板、彩钢板和安全消毒板等材料，结合送风口、回风口、观察窗、嵌入式观片灯、器械柜、消毒柜、开关接口等，将墙面组合成整体，尽量减少凹凸面和缝隙，穿孔凹凸的线脚、门、窗应与内墙面齐平。净化室应尽量少开或不开外窗，必要时宜选用防尘、密闭性能好的双层窗。地板、墙壁、顶棚之间的结合处都应做成圆角。对安装CT、MRI、DSA等设备的复合手术室，应进行防辐射处理，使其满足防辐射的相关规定。

① 彩钢板是一种轻质隔断材料，双面彩涂钢板、中间夹保温材料，具有不积尘、易清洁、抗冲击等特点。

② 防锈铝板密度小、耐腐蚀性好，易于加工和焊接，表面可喷涂或做烤漆，是较好的手术部墙面材料。

③ CLASAL板是高密度水泥和硅石先在高温高压装置中合成，然后表面涂涂料，最后在高温下涂上特殊的陶瓷薄膜，由此而成的一种材料。此材料可擦洗、消毒，具有良好的耐火性能，强度高，不会出现划痕、不易变形。

④ 医用不锈钢板表面喷有抗菌涂料，整体平整光滑无接缝，易于清洁和消毒，强度高、耐冲击，但是价格较高。

⑤ 千思板是一种把酚醛树脂浸渗于牛皮纸或者木纤维里，在高温高压中硬化得到的热固性酚醛树脂板。其结构均匀、致密且具有优异的耐冲击性、耐湿性、耐磨性，此板材还具有易清洗、易维修、保养方便等优点。

⑥ 抗菌钢化玻璃表面具有抗菌层，抗菌层建立在自洁膜层之上，能消除细菌，并对真菌扩散有抑制作用。对抗菌玻璃进行钢化处理，可以用在手术室的墙面装修上。具有易于清洁、抗菌、耐酸碱、耐腐蚀、抗撞击等特点，还可以将玻璃进行艺术化处理，在玻璃上设计多种图案，打破手术室枯燥的氛围，减缓医护人员的工作压力，给患者提供一个轻松的治疗环境（图5-27）。

2）地面：由于地面的污染度比墙和吊顶要高得多，大量尘粒随医护人员在地板上的走动和各种设备的移动而产生，故地面装修应引起设计人员的重视。手术室地面要求抗静电，具有一定弹性，无缝，可用水冲洗，能抗术用消毒液，可以选用环氧树脂、PVC卷材、橡胶地板等材料。应对安装CT、MRI、DSA等设备的复合手术室进行防辐射处理，满足防辐射的相关规定（图5-28）。

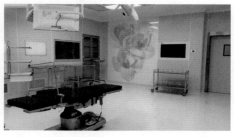

a）手术室（一）

①环氧树脂是一种由不饱和树脂合成的产品，具有抑菌、柔软、防滑、美观、施工方便等优点。使用时应在普通地面上做基层，然后把环氧树脂浇筑在上面。

②橡胶地面具有弹性好、耐磨、保温、易于清洁、低噪声、使用寿命长等特点，在手术室地面装修中使用较多。

③PVC卷材具有防静电、抗菌、防火、耐磨等特点，卷材拼缝均为热焊熔接，平整无缝，与墙体均为圆弧连接。

b）手术室（二）

图5-27　手术室玻璃艺术化处理

3）吊顶：手术室吊顶高度一般3m为合适，吊顶材料表面应光滑平整、不易吸附灰尘、易于清洗。顶棚可以选用钢板、铝板、千思板等材料，材料特点见前文"墙面"部分。应对安装CT、MRI、DSA等设备的复合手术室进行防辐射处理，满足防辐射的相关规定（图5-29）。

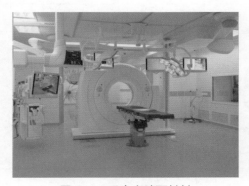

图5-28　手术室地面材料

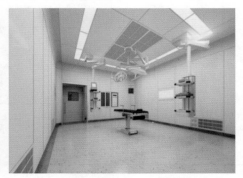

图5-29　手术室吊顶材料

5. 其他

手术室的设备较多，设备陈设应注重秩序性与美观性，一些设备采用墙体嵌入式设计，具有实用美观、节省空间、减少外露、易于清洁等优点。集成式吊塔既可减少器械及设备的占地面积，增加实际手术可操作区域的面积，又可减轻手术室的机械感，缓解患者术前紧张的情绪。一般手术室的具体设备如表5-10所示，如果是复合手术室，需要添加相应的设备。

表5-10 一般手术室具体设备

	名称	数量	规格	备注
家具	器械柜	1	900×450	嵌入式，尺度据产品型号而定
	药品柜	1	900×450	嵌入式，尺度据产品型号而定
	书写台	1	1400×600	嵌入式，尺度据产品型号而定
	器械车	2	1550×500×960	尺度据产品型号而定
	刷手池	1	2150×600×1100	配备防水板、纸巾盒、洗手液、镜子（可选）
设备	手术台	1	2000×520×800	质量160kg，最大承重350kg，功率150W
	无影灯	1	（灯头直径）720	质量38kg，功率180W（参考）
	观片灯	1	2025×506×110	嵌入式多联，可分控，安装在主刀医生对面墙体上
	监护仪	1	450×600	尺度据产品型号而定
	呼吸机	1		尺度据产品型号而定
	麻醉设备	1	450×600	尺度据产品型号而定
	吊塔	2	（活动半径）600～2500	承重120～200kg（参考）
	暖箱	1	900×450	尺度据产品型号而定
	冰柜	1	900×450	尺度据产品型号而定
	医用气源及废气排放装置	1		压缩空气、氧气、氮气、氩气、笑气、二氧化碳、负压吸引器、麻醉废气排放装置布置在靠近麻醉剂的墙面上
	DP情报面盘	1		嵌入式，具备集成免提对讲电话、手术计时器、麻醉计时器、空调参数显示及调控、照明控制等功能
	监控摄像头	1		尺度据产品型号而定

5.8.3 胃镜检查室

1. 功能布局

胃镜检查是消化道疾病诊断的重要手段，可用于治疗多种消化道疾病。胃镜检查设备通常包括图像处理单元、冷光源装置、显示器、彩色打印机等。为满足胃镜拓展出的相关检查的需求，需预留足够的电源接口。根据医疗行为特点，胃镜检查室分为准备区、检查／治疗区和整理区，总面积不小于20m²（图5-30）。

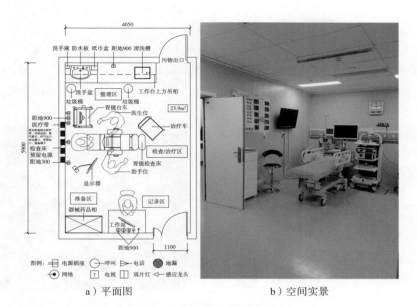

图例： 电源插座　呼叫　电话　地漏
　　网络　T 电视　观片灯　感应龙头

　　a）平面图　　　　　　　　　b）空间实景

图5-30　胃镜检查室空间布局

2. 空间要求

　　胃镜检查室的总面积宜在20～25m²，一般会摆放胃镜检查床、胃镜主机、配件摆放柜和医生办公台，空间布局应根据检查流程合理规划，利于检查操作。胃镜检查床和主机应位于房间同侧，墙面上有摆放配件的橱柜、墙式吸引器和氧气吸入器。医生办公台位于房间另一侧，有各种单据、图像采集的终端和打印机等。为便于检查床的推进推出，检查室门洞宽度应不小于1200mm，诊疗室的门应采用医用电动移门。为避免交叉感染，患者通道和医生通道应分开设置。

3. 物理环境

（1）采光照明

　　1）胃镜检查室宜自然通风，设有独立的新风系统，以保证足够的室内换气功能。

　　2）胃镜检查室的照度应达到300lx，色温在3300～5300K，显色指数不低于90。配备智能化调光系统，使得灯光照度可随胃镜检查的进行和结束自动调节，提高工作效率。

　　3）一般检查时患者仰卧检查，照明灯具等尽量避免产生眩光以及亮度过高。

（2）声环境

　　1）选用吸声、隔声的装饰材料或者构造降低噪声干扰。可以采用柔性地面材料降低因地面引起的各种响声。

　　2）适当播放背景音乐，可以缓解不愉快的噪声干扰。患者在悠扬的乐声中进行检查诊疗、手术恢复，紧张情绪得以舒缓。

4. 色彩材料搭配

（1）色彩 胃镜检查的墙面及地面宜选用较为柔和的颜色。可以选择柔和的米色调或者黄色调，米色或者黄色能对消化系统疾病的患者起到积极的心理作用，而且暖色调空间更显明亮宽敞、简洁高效，使患者感到放松，利于检查的顺利完成。

（2）材料 吊顶材料建议选择铝板、矿棉吸音板、石膏板涂刷抗菌乳胶漆等材料；地面材料宜选择PVC卷材等材料；墙面材料建议选择树脂板、彩钢板、抗倍特板等板材，也可采用内墙砖、抗菌乳胶漆等材料（图5-31）。

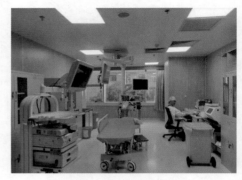

图5-31 装饰材料

5. 其他

普通检查室配置内窥镜主机系统及吊塔系统、检查床、工作台及工作站电脑、耗材柜、抢救车、高频电发生器、吸引器、设备带（配置空气、氧气、负压）、洗手盆（感应水龙头）、垃圾桶、空气消毒机等设备设施。应设置非手触式干手设施、手消毒设施，配置齐全，具体设施如表5-11所示。

表5-11 主要家具设施

	名称	数量	规格	备注
家具	工作台	1	1400×700	宜圆角，尺度据产品型号而定
	座椅	1	526×526	带靠背、可升降、可移动
	洗手盆	1	500×450×800	防水板、纸巾盒、洗手液、镜子（可选）
	垃圾桶	3	300	直径
	药品器械柜	1	900×450×1800	尺度据产品型号而定
	治疗车	1	560×475×870	尺度据产品型号而定
	清洗槽	1	600×450	尺度据产品型号而定
	检查床	1	1850×700	尺度据产品型号而定
设备	工作站	1		包括显示器、主机、打印机
	吊塔	1		含氧气、吸引、强电弱电的终端
	设备带	1		尺度据产品型号而定
	内窥镜台车	1	680×600×1100	医用内镜台车，尺度据产品型号而定
	图像处理	1	295×160×414	图像处理装置，功率150W，质量13kg
	电子内窥镜	1	600×600	胃镜全长1345，头部直径9.2（参考）
	显示器	1		根据实际需要配置

5.8.4　MRI检查室

1. 功能布局

MRI检查室是利用核磁共振原理对人体进行扫描检查的房间，核磁检查是影像诊断的重要技术手段。MRI机房由设备间、控制室、扫描间、准备区、更衣区等组成（表5-12、图5-30）。设备间尽量远离高低压配电房、电梯、汽车车库等区域，靠近建筑物外侧（通常在1层），远离震动，远离大型金属运动物体（如汽车、电梯），远离大型供电、用电设备。扫描间上方最好没有上下水管，预防漏水。扫描间尽量靠近外墙区域，便于设备、室外机的安装和预留运输洞口。因设备体积大、重量重，可将其设置在建筑物内的首层或者地下一层。

（1）**扫描间**　MRI扫描间是患者上机检查的房间，需做全铜屏蔽防护处理，房间尺寸依设备机型大小而定，一般房间净尺寸为长8.5m、宽6.0m、高4.0m，因设备底部需作铜屏蔽防护和基础，故扫描间需做结构降板处理，一般降板高度为0.3~0.4m。扫描间的门为电动自动门，门的尺寸（宽×高）建议为1200×2100，扫描间的门及观察窗应为防辐射防护专业门窗。

（2）**设备间**　设备间要考虑具体设备的尺寸要求，根据具体的设备参数进行设计，如1.5T的设备，厂家标注所需空间是15m²；3T的设备，厂家标注空间是20m²，如果需要增加室内空调机，则需要增加4m²，即设备间与空调间的总面积为24m²。设备间大门的尺寸为1200×2100。

（3）**控制室**　控制室是操控扫描机的房间，通过含有铜玻璃的观察窗和对讲器与患者联系。观察窗尺寸为1.6m×1.1m，距地面0.8m，控制室净面积在15m²左右，房间进深在3m左右。如果是教学医院，房间进深可以在4.5m以上。控制室门的尺寸（宽×高）建议为1000×2100；观察窗净宽建议1600，净高800。

（4）**更衣室**　为了减少金属对核磁的干扰，不允许将日常的手机、钱包、钥匙等物品带进扫描间，需设置更衣间方便患者进行检查前准备，避免患者误将金属等物体带入扫描间，对MRI设备造成潜在损坏。

（5）**前置室**　为了安全考虑，防止患者误入扫描间，需设置前置区，由医务人员控制房间的开启，医务人员充分检查和准备后再让患者进门，这样可以尽量避免意外的发生，保证磁体的安全，减少不必要的损失。

表 5-12　MRI机房常见尺寸

项目名称	尺寸
磁体间推荐净尺寸（长×宽×高）	8.5m × 6.0m × 4.0m
控制室尺寸（长×宽×高）	3.0m × 4.0m × 2.8m
设备间尺寸（长×宽×高）	3.0m × 6.0m × 2.8m

项目名称	尺寸
磁体间墙面开口最小净尺寸（宽 × 高）	1.6m × 2.4 m
进入磁体间的传导板开口最小尺寸（宽 × 高）	1.1m × 2.1m
磁体间门净尺寸（宽 × 高）	1.2m × 2.1m
设备通道尺寸（宽 × 高）	2.5m × 2.7m

注：不同厂家设备需求有所不同，表格中的尺寸仅作参考。

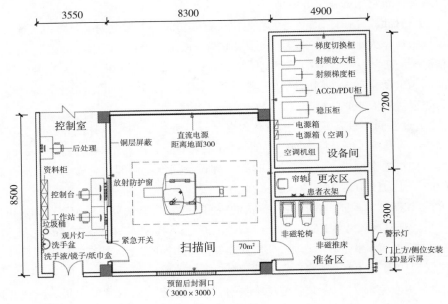

a）平面图

b）实景图

图5-32　MRI机房房间

2. 空间要求

MRI机房应布置在影像中心的一侧，避免与其他用房相互干扰。MRI空间流线包括医护流线、患者流线和设备运输路线。患者流线和医生流线应分开设置，患者检查需要一个出入口，包括登记、等候、更衣、检查等流程，入口设置防护门，患者需要在医生监督下进入扫描室。医护人员有专用出入口，连接控制室，控制室要有观察窗。设备运输通道一般为2.5m宽、2.7m高，运输动线不宜过长。扫描间应预留3000×3000的洞口，用于运输磁体，磁体运输通道越短越好。

3. 物理环境

（1）采光照明

1）扫描间的照度应达到200lx，色温在3300～5300K，显色指数（Ra）不低于85。

2）一般检查时患者仰卧检查，照明灯具等尽量避免产生眩光以及亮度过高。

3）扫描间使用直流照明，避免交流电产生交变磁场，导致成像质量下降。

4）图像显示器上不能有室外光、室内光和观片灯的反射光线，显示器附近的灯光宜使用带电阻调光器的白炽灯，以便观看显示内容。

5）为减轻患者的焦虑情绪，可以在顶棚上设置具有自然景色的心理窗或者发光的图案，减轻封闭空间的沉闷幽闭感（图5-33、图5-34）。

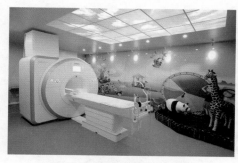
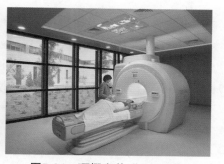

图5-33　顶棚安有发光图案　　　　图5-34　顶棚安装"心理窗"

（2）声环境

1）选用吸声、隔声的装饰材料或者构造降低噪声干扰。可以采用柔性地面材料降低因地面引起的各种响声。

2）适当播放背景音乐，可以缓解噪声干扰，舒缓患者的紧张情绪。

3）屏蔽门或者屏蔽窗需要按照规范或者厂家要求设置隔声减噪处理。

（3）温度、湿度

1）温度保持在18～22℃，湿度控制在60%左右，不超过70%为宜。核磁对温度变化比较敏感，扫描间的温度梯度（从磁体底部到顶部）严格控制在3℃以内，设备间、控制室的温度波动也应控制在3℃以内。

2）空调出风口离磁体中心至少1.5m，确保出风口不直接吹到磁体上。

3）设备间必须安装下送风、上回风系统，扫描间不得有空调机组，鉴于对环境温度要求严格，应配备机房专用空调系统。

4）安装紧急排风系统（排风量大于34m³/min），确定失超管的位置。

4. 色彩材料搭配

（1）色彩　扫描间应用色彩营造轻松舒适的氛围，缓解患者压力。宜采用中性色或者柔和的冷色调，使患者感到放松，利于检查顺利完成。

（2）材料　扫描间的顶棚应做成活动吊顶，便于检修，建议选择矿棉吸音板、埃特板等材料。地面材料宜选择环氧树脂、橡胶、PVC卷材等材料。墙面材料应便于清洗和消毒，建议选择树脂板、抗倍特板等板材，也可以选用抗菌乳胶漆等材料。

除了装饰材料外，扫描间还需要考虑防护材料。核磁防护分为磁屏蔽防护和射频屏蔽防护。磁屏蔽防护是防止核磁本身对外界产生干扰影响，一般用碳钢板屏蔽，钢板厚度依核磁容量大小经计算确定，大多数机型均带有自身屏蔽防护，故核磁扫描机房可不做磁屏蔽防护。射频屏蔽防护是为防止外部其他电波对核磁设备本身产生干扰和影响，一般用全铜屏蔽材料对扫描机房内的六个面及门内进行封闭式包裹，常用铜网、铜板等防护材料，厚度由设备厂家工程师计算确定。观察窗的玻璃用铜丝网做屏蔽防护。

5. 其他

（1）设备配置　扫描间要设置磁体、线圈架，还要放置MRI主机、扫描床、存放线圈的柜子。控制室包括控制台、影像处理系统和患者监护设备。设备间内部设有专用空调机组、稳压电源、系统主副配电柜、计算机柜、射频放大器、梯度放大器、患者通风器、压缩机、变压器等。超导体MRI还应该设置水冷机和冷却器、水流分配器等。更衣区应设置衣帽架、休息椅和紧急呼叫按钮。主要设备情况如表5-13所示。

表5-13　主要设备一览表

名称	数量	规格	备注
工作台	2	700 × 1400	根据家具型号确定
座椅	2	526 × 526	带靠背、可升降、可移动
洗手盆	1	500 × 450 × 800	配备防水板、纸巾盒、洗手液、镜子
垃圾桶	1	300	直径
线圈架	1		根据产品型号确定
显示屏	1		根据产品型号确定
警示灯	1		检查期间，警示灯处于开启状态
观片灯	1		医用观片灯（预留）
磁体	1	2306 × 1934 × 2587	质量 5320kg（参考）

名称	数量	规格	备注
ACGD 柜	1	950×650×1970	质量1250kg（参考）
射频放大柜	1	596×1156×1805	质量225kg（参考）
梯度切换柜	1	544×705×811	质量100kg（参考）
稳压柜	1	1100×800×1975	质量890kg（参考）

（2）氦气排放管要求　氦气排放管（也称失超管）用于排放磁体内蒸发的氦气。失超管对材料、直径、形状、出口等都有严格要求。失超管必须能承受-261℃的低温，管外必须做保温处理；失超管排放出口与周围阻隔物（如屋顶）的距离应至少1m。冬季要特别注意不要让积雪阻塞失超管排放出口；失超管排放出口方圆3m范围内，周围阻隔物需防冻保护。

第6章
住院部室内设计

　　住院部作为医院的一个重要部门，其基础组成部分是护理单元，患者、陪护者及医护人员在护理单元中停留的时间最长，其室内设计不仅要能够满足可持续发展的需求，还要满足护理单元使用者的需求，体现人性化设计理念。国外的护理单元设计具有生态化、可变化、家庭化的发展趋势，我国的医院护理单元设计也在向人性化设计探索。

　　13～18世纪的护理单元呈长条形布局；18世纪中叶，护理单元为开放的南丁格尔式布局，通风良好；18世纪70年代，紧凑的环形或方形的布局模式逐步取代了13世纪以来病床垂直于墙直线布局的模式；19世纪末，随着科学技术的发展，出现了按照功能需求设计高效率护理单元的模式；近年来，护理单元不仅重视空间、设备等硬件环境的建设，还更加注重人性化设计和安全设计。如今，医院护理单元的设计不仅要考虑人性化设计，还要考虑在突发公共卫生事件来临时，一些护理单元要能够与发热门诊、急诊、手术等部门联动，共同应对突发情况。

　　最早研究人性化设计的是建筑师阿尔瓦·阿尔托，他在芬兰设计的帕米欧疗养院是最早的一个例子。对人性化设计的进一步探索来自悬铃木卫生组织的研究，这是一个致力于建立对治疗有支持和辅助作用的护理模式的机构，研究患者对周围环境的需要。他们在医院人性化设计中提出了一些想法，其中一些理论得以付诸实践，如每个病房都可以看到美丽的花园、单人病房、温和的灯光、家庭空间等，这些研究和实践为人性化设计的进一步研究做了很好的铺垫。

6.1　功能组合

　　住院部是医院中的临床护理部门，对住院患者进行诊断、治疗和护理。住院部由各科护理单元、住院处及住院药房组成。护理单元是组成住院部的基本护理单位，包括内科、外科、五官科、皮肤科、中医科、儿科、妇科、产科、烧伤科等科室。

6.1.1 空间布局

空间布局主要考虑护理单元的功能空间与走廊的组合方式，根据罗运湖编写的《现代医院建筑设计》中关于护理单元分类的叙述，结合实际调研的情况，以交通走廊为划分依据，将护理单元空间布局分为单廊式、复廊式、单复廊式以及辐射式四种类型，为护理单元的空间组合提供一定的参考，具体如表6-1所示。

表6-1　护理单元空间布局

类型	空间模式	实例	特征	优缺点
单廊式	40床		房间以一条走廊相连，病房均为南向，有良好的采光和通风，医疗辅助用房布置于北向	建筑面宽较长，护理路线长，增加了医护人员的工作强度
复廊式	40床		平面采用两条走廊，两侧均设置病房，中间布置垂直交通和辅助用房。有规则和不规则两种布局方式，前者房间规整，房间排布方便，后者空间灵活，有一定的特点	护理路线便捷，具有较高的巡视效率，但是部分病房为北向房间，中间有部分黑房间，需要机械通风和人工照明，能源和维护费用增加
单复廊式	40床		部分为双廊，部分为单廊，将病房设在南侧，护士站和交通放在中间部位，北部为医护区域	兼有单廊式和复廊式的特点，适合床位数在40左右、面积在1500m² 以内的护理单元
辐射式	30床		将病房沿护士站展开，呈辐射状，主要有方形、圆形、三角形等平面形式	这种布置使护理路线缩短，管理方便，但平面形式较为复杂

6.1.2 空间组合

空间组合主要考虑护理单元的形状，也就是护理单元整体的平面造型，单个护理单元主要有条形、T字形、Y字形、三角形、方形、圆形等，在此基础上将多个护理单元进行组合，形成不同的复杂的护理层的形状，具体如表6-2所示。

表6-2　护理单元空间组合模式

类型	基本单元	组合模式	特征
条形	40床	40床　40床	护理单元外形呈条形，利用一条或两条走道连接，建筑结构简单，房间易于排布，是比较常见的模式
T字形	40床	40床 公共设施服务 40床	护理单元外形呈T字形，护士站布置在中间区域，辅助用房集中布置在端部，使用方便，护理路线便捷
Y字形	40床 公共服务设施	40床 40床	护理单元外形呈Y字形，核心部分可布置交通，房间通风采光良好，辅助用房集中，使用方便
方形	40床	40床 40床	护理单元外形呈方形，病房可沿周边布置，辅助用房位于中间区域，这种布局平面紧凑，护理路线短
三角形	40床	40床 40床	护理单元外形呈三角形，一般为直角三角形，病房沿周边布置，辅助用房位于三角核心，护理路线便捷。这种形式比方形平面布局更加紧凑，但角形空间的布置和使用需推敲
圆形	40床	40床 40床 40床	护理单元外形呈圆形，护士站位于中心，病房围绕护士站展开，护理距离基本相同，路线短且便捷，但部分病房朝向不好，为了避免病房卫生间影响视野，可采用楔形布置

6.1.3 巡视距离

一般护理治疗工作包括常规巡视，观察病情，照顾患者起居、饮食、睡眠等活动，每天要频繁往返于护士站和病房，劳动强度大，因此缩短护士巡视距离对于提高医护工作效率、减轻医护工作强度来说是非常重要的。护理路线要求尽量减少护士的行程，提高护理效率，用控制护理中心（护士站）到各病床的平均距离以及最远病床距离等参数来指导护理单元设计，从而提高医护人员的工作效率。

护理中心到病床的平均距离，计算公式为

护理中心到病床的平均距离=护理中心分别到各病床距离的总和/病床数

通过公式分析，平均距离越小，护理效率就越高，因此减少护士站到病房的距离可以提高巡视效率。由于上述公式计算起来比较麻烦，一般在医院建筑中控制护士站到最远病房的距离，即由护士站出口到最远一间病房门中线的距离，一般不应超过30m，比较合适的距离为26m。

6.1.4 设计要点

1）护理单元护士站的位置要有较好的采光通风，观察视角要好，应以便于患者与护士联系为原则。

2）应分别设置医护和患者休闲和交流的阳光角。

3）设置快捷的病区物流系统，如标本流、药品流等；住院静脉药品主要依赖静脉配置中心；完善大后勤集中配送体系（如被服、物资等）；要有高效的病区垃圾分拣、封闭、打包、运输系统。

4）医护区与患者区需分区明确，考虑使用门禁系统，保护医护人员工作的私密性。

5）墙面装修应便于消毒与清洁，转角处应设置防磕碰保护措施。

6）病房卫生间设计应利于患者使用。

7）住院大厅可适当设置鲜花礼品购物超市，满足住院探视的需求。

6.1.5 住院流程

住院部的住院流程如图6-1所示。

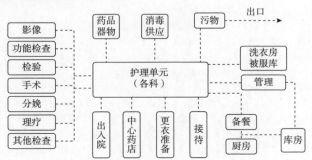

图6-1　住院部住院流程

6.1.6 功能组成

住院部主要功能空间组成包括住院大厅、标准护理单元、特殊护理单元（如产科）等空间，具体如表6-3所示。

表6-3 住院部功能空间组成

科室	功能空间配置	备注
住院大厅	门厅、出入口、患者服务中心、自助设施、鲜花礼品店、超市、卫生间等	
标准护理单元	包括**患者区、治疗区、医护辅助区**。**患者区**包括单人间、双人间、三人间、套间、多人间、患者活动区、晾晒间、公共卫生间等；**治疗区**包括护士站、治疗室、处置室、换药室（外科）、配餐间、污洗室、被服库、洽谈室、垃圾暂存间、库房等；**医护辅助区**包括主任办公室、医生办公室、示教室、休息就餐室、男更衣淋浴室、女更衣淋浴室、男卫生间、女卫生间、男值班室、女值班室等	包括创伤外科、风湿免疫科、肝胆外科、骨科、呼吸内科、康复科、老年科、泌尿外科、内分泌科、普通外科、全科、神经内科、神经外科、心内科、肾内科、消化内科、皮肤科、性病科等
产科护理单元	包括**患者区、治疗区、洗澡区、医护辅助区**。**患者区**单人间、双人间、三人间、套间、胎心监护室、患者活动区、晾晒间、公共卫生间等；**治疗区**包括护士站、治疗室、处置室、配餐间、污洗室、配奶间、产科检查室、被服库、洽谈室、垃圾暂存间、库房等；**洗澡区**包括婴儿洗澡间、新生儿抚触室、听力检查室等；**医护辅助区**包括主任办公室、医生办公室、示教室、休息就餐室、男更衣淋浴室、女更衣淋浴室、男卫生间、女卫生间、男值班室、女值班室等	护理单元门口设有门禁系统和新生儿防盗系统
产科分娩	包括**公共区、医疗区、医护辅助区**。**公共区**包括家属等候区等；**医疗区**包括护士站、待产室、VIP待产室、洗手区、分娩室、无痛分娩室、隔离产房、隔离待产室、导乐室、麻醉恢复室、胎心监护室、污洗室、晾晒间、新生儿间、库房等；**医护辅助区**包括主任办公室、医生办公室、示教室、休息就餐室、男更衣淋浴、女更衣淋浴、男卫生间、女卫生间、男值班室、女值班室等	
妇科护理单元	包括**患者区、治疗区、医护辅助区**。**患者区**包括单人间、双人间、三人间、套间、多人间、患者活动区、晾晒间、公共卫生间等；**治疗区**包括护士站、治疗室、处置室、彩超室、刮宫室、妇科检查室、配餐间、污洗室、被服库、洽谈室、垃圾暂存间、库房等；**医护辅助区包括**主任办公室、医生办公室、示教室、休息就餐室、男更衣淋浴室、女更衣淋浴室、男卫生间、女卫生间、男值班室、女值班室等	
层流病房	包括**公共区、患者区、治疗区、污染区、医护辅助区**。**公共区**包括家属等候区、探视区等；**患者区**主要是单人病房；**治疗区包括**治疗观察前室、护士站、治疗室、药品库、处置室、无菌存放室、药浴间、准备间、配餐间、被服站、库房等；**污染区包括**污洗室、医疗垃圾存放处、工具间等；**医护辅助区**包括主任办公室、医生办公室、示教室、休息就餐室、男更衣淋浴室、女更衣淋浴室、男卫生间、女卫生间、男值班室、女值班室等	

（续）

科室	功能空间配置	备注
耳鼻喉科护理单元	包括**患者区、治疗区、医护辅助区**。**患者区包括**单人间、双人间、三人间、套间、多人间、患者活动区、晾晒间、公共卫生间等；**治疗区包括**护士站、治疗室、处置室、换药室、睡眠监测室、检查室、配餐间、污洗室、被服库、洽谈室、垃圾暂存间、库房等；**医护辅助区包括**主任办公室、医生办公室、示教室、休息就餐室、男更衣淋浴室、女更衣淋浴室、男卫生间、女卫生间、男值班室、女值班室等	
中医科护理单元	包括**患者区、治疗区、医护辅助区**。**患者区包括**单人间、双人间、三人间、套间、多人间、患者活动区、晾晒间、公共卫生间等；**治疗区包括**护士站、中医治疗室、处置室、换药室、足浴室、配餐间、污洗室、被服库、洽谈室、垃圾暂存间、库房等；**医护辅助区包括**主任办公室、医生办公室、示教室、休息就餐室、男更衣淋浴室、女更衣淋浴室、男卫生间、女卫生间、男值班室、女值班室等	针灸和推拿治疗室配备排烟系统、卫生间
口腔科护理单元	包括**患者区、治疗区、医护辅助区**。**患者区包括**单人间、双人间、三人间、套间、多人间、患者活动区、晾晒间、公共卫生间等；**治疗区包括**护士站、治疗室、处置室、种植手术室、配餐间、污洗室、被服库、洽谈室、垃圾暂存间、库房等；**医护辅助区包括**主任办公室、医生办公室、示教室、休息就餐室、男更衣淋浴室、女更衣淋浴室、男卫生间、女卫生间、男值班室、女值班室等	
儿科护理单元	包括**患者区、治疗区、医护辅助区**。**患者区包括**单人间、双人间、三人间、套间、多人间、患者活动区、晾晒间、公共卫生间等；**治疗区包括**护士站、治疗室、处置室、儿童穿刺室、儿童雾化室、配餐间、污洗室、被服库、洽谈室、垃圾暂存间、库房等；**医护辅助区包括**主任办公室、医生办公室、示教室、休息就餐室、男更衣淋浴室、女更衣淋浴室、男卫生间、女卫生间、男值班室、女值班室等	
眼科/近视治疗中心	包括**患者区、治疗区、医护辅助区**。**患者区包括**单人间、双人间、三人间、套间、多人间、患者活动区、晾晒间、公共卫生间等；**治疗区包括**护士站、治疗室、处置室、换药室、暗室、配餐间、污洗室、被服库、洽谈室、垃圾暂存间、库房等；**医护辅助区包括**主任办公室、医生办公室、示教室、休息就餐室、男更衣淋浴室、女更衣淋浴室、男卫生间、女卫生间、男值班室、女值班室等	
肿瘤科护理单元	包括**患者区、治疗区、医护辅助区**。**患者区包括**单人间、双人间、三人间、套间、粒子植入病房、患者活动区、晾晒间、公共卫生间等；**治疗区包括**护士站、治疗室、处置室、肿瘤热疗室、换药室、配餐间、污洗室、被服库、洽谈室、垃圾暂存间、库房等；**医护辅助区包括**主任办公室、医生办公室、示教室、休息就餐室、男更衣淋浴室、女更衣淋浴室、男卫生间、女卫生间、男值班室、女值班室等	

护理单元可划分为患者区、治疗辅助区、医护辅助区、交通设备区四个部分。其中患者区、治疗辅助区、医护辅助区包含的空间表6-3已列出。另外还有交通设备区，该区域包括垂直交通、水平交通、机房等。经过调研和数据分析，一般情况下各区域占护理单元的比例如表6-4所示。

表6-4　各区域占护理单元的比例

区域划分	功能组成	比例	备注
患者区	病房、无障碍卫生间、患者活动室、开水间	40%	可上下略浮动
治疗辅助区	护士站、治疗室、处置室、抢救室、换药室、检查室、医生办公室、示教室、主任办公室、库房、配餐室、污洗室	25%	可上下略浮动
医护辅助区	医生值班室、护士值班室、就餐休息室、更衣淋浴室、卫生间	5%	可上下略浮动
交通设备区	垂直交通、水平交通、机房等	30%	可上下略浮动

6.2　病房设计

6.2.1　空间布局

在病床周边会发生的行为活动包括治疗护理（打针、输液等）、日常生活护理、外科检查、床边检查（采血、超声、X光、心电图等）、医生查房、术前准备、抢救、陪护探视等，需要围绕这些行为活动布置相应的行为单元（图6-2）。

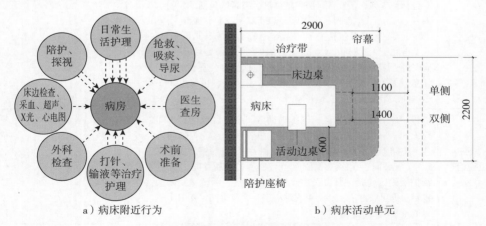

a）病床附近行为　　　　　　　　b）病床活动单元

图6-2　患者行为模式及病床活动单元

病房一般以三人间和双人间为主，单人、多人间（四床及以上）的设置可以满足不同经济条件的患者的需求。病房一般带有单独的卫生间，卫生间一般设置在内走道一侧。

研究发现，一般情况下单人病房所占比例较小，考虑患者的需求以及病情的需要，单人间的比例控制在10%左右。双人病房控制在30%左右即可。三人病房兼具多人病房和少床病房的优势，故占有相当大的比例，一般控制在50%左右。多人病房具有干扰大、私密性差等缺陷，随着生活水平的提高和医疗条件的改善，多人病房的数量在新建医院中已经大幅度减少甚至消失，在新建医院中设有少量的多人病房也未尝不可，这样可以满足不同经济条件的患者的需求，比例控制在10%以内。高级套间病房数量很少，一些医院将高级套间病房集中布置在一个护理单元，成为VIP病区，也有医院将高级病房分散安排在各护理单元内，用于满足对住院环境要求高且有一定经济条件的患者，比例控制在10%以内（多人病房和高级套间病房两者的比例以加在一起不超10%为宜）。

单人间病房、双人间病房、三人间病房的平面布局如表6-5所示。平行二床的净距根据规范规定一般不应小于800mm，考虑到陪护需求以及感染控制，可以适当扩大两床之间的间距，床间距可以扩大到1000mm及以上。靠墙病床床沿与墙面的净距不应小于600mm。病床三面临空，床头靠墙，床的两侧可以供医护人员活动，设置床头柜和壁柜（500～600mm宽、550mm深、1800mm高的壁柜），床头柜应留100mm的空隙，有条件的话最好在窗户旁边设置带有边桌的座椅。病房门净宽不得小于1100mm，一般门宽为1200mm（800mm+400mm），设置为大小双扇门的形式，方便担架进出，门扇应设观察窗。病房净高3.2～3.4m，最矮不低于2.8m。

病床的排列应平行于采光窗墙面。单排一般不超过3床，特殊情况不得超4床；双排一般不超过6床，特殊情况不得超8床。单排病床通道净宽不应小于1.10m，双排病床（床端）通道净宽不应小于1.40m。病房门应直接开向走道，不应通过其他用房进入病房。病房走道两侧墙面应设置靠墙扶手及防撞杆。

表6-5　病房布局

病房	平面图	图示
单人间	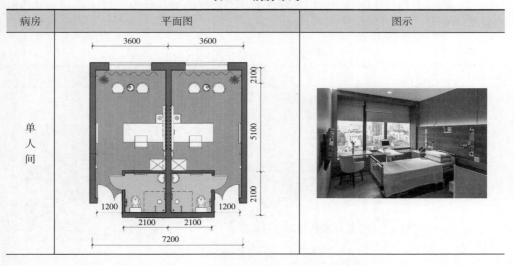	

病房	平面图	图示
双人间	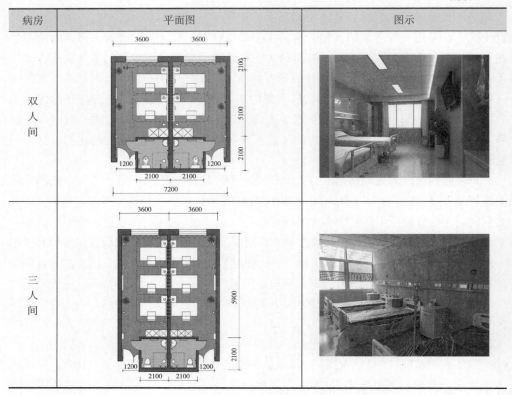	
三人间		

除上述常见的传统病房布局方式外，也可以对病房空间布局进行改进，如设计弹性空间，在病房规划休闲交流空间，增强患者之间的交流和社会支持，有利于康复，创新病房布局如表6-6所示。

表6-6　创新病房布局模式

病房	平面图	图示
四人间		

病房	平面图	图示
四人间（可变双人间）	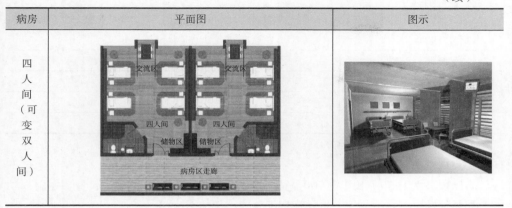	

6.2.2 病房设施

病房内需要设置病床、衣柜（壁柜）、治疗带、呼叫系统等设施，具体如表6-7所示。

表6-7 病房设施一览表

项目	单位	数量	备注说明
病床	张	根据病房的床位数设置	1950长 × 900宽 × 550高
床头柜	张	根据病房的床位数设置	480长 × 480宽 × 760高
座椅或陪护椅	张	根据病房的床位数设置	每个床位配置一个陪护椅，也可在临窗开阔处设置休闲座椅和茶几
壁柜	个	根据病房的床位数设置	宽500～600mm，进深为550mm，高度1800mm
输液导轨	个	根据病房的床位数设置	呈U形，安装在顶棚上，在病床上方悬吊输液瓶
隔断帘幕	个	根据病房的床位数设置	帘幕轨道安装在顶棚上，用于垂吊帘幕，可保护患者隐私，用于双人间、三人间等
治疗带	条	根据病房的床位数设置	中心吸引、氧气、无线遥控式病床呼叫、病床灯控制、电源插座等
网络、电话接口		1	
电视	台	1	可悬挂，也可配置电视柜
门		1	一般宽为1200mm，一般为大小门的形式（800mm+400mm），设观察窗
呼叫系统		根据病房的床位数设置	设置在护士站、各病床床头、病房卫生间等部位
智慧病房终端	套	根据病房的床位数设置	可选择是否设置

项目	单位	数量	备注说明
病房卫生间		1	
坐便器	个	1	
感应洗手池（带镜子）	个	1	
淋浴设施	套	1	
无障碍设施			

1. 病床（包括床边柜）

病床尺寸为1950（长）×900（宽）×550（高），具有升降、起身、屈腿等功能，如果顶棚没有输液导轨，可随病床配置输液架（图6-3）。

a）   b）

图6-3　医院病床

2. 衣柜

衣柜是病房内必不可少的储藏空间，每个患者分开设置，一般与墙体结合设计成壁柜，壁柜尺寸为宽500~600mm，进深550mm，高1800mm，壁柜上部空间可由护士管理（图6-4）。

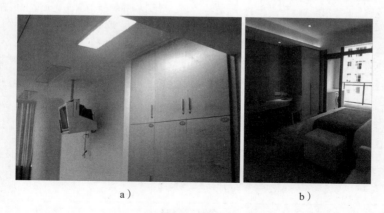

a）   b）

图6-4　衣柜

3. 休息座椅和活动边桌

每个床位配置一个座椅和一套活动边桌，便于患者与探视人员交谈，满足患者进食等活动需要（图6-5），在临窗开阔处设置休闲座椅和茶几，最好还有绿化点缀，增加病房的温馨氛围。现在很多医院将休息椅设置成可折叠的陪护椅，白天可以作为普通的椅子使用，晚上则可以拉伸成陪护床，方便实用（图6-6）。随着病床设计的不断升级，很多病床将边桌做成一体化设计，不用时将活动桌板卡在床尾，用的时候搁置在床面上，方便患者就餐等使用，不占用室内空间。

图6-5 活动边桌

图6-6 陪护椅

4. 病房门与交通

为了满足推床的需要，病房的走道宽度为：单排（病床）时不小于1100mm，双排（病床）时不小于1400mm。为了满足推床进出，门宽一般设置为1200mm，一般为大小门的形式，800mm+400mm，一般情况下只开800mm宽的门，推床进出时小门也打开，在病房门上设置观察窗，便于护士从走廊观察患者的情况（图6-7）。

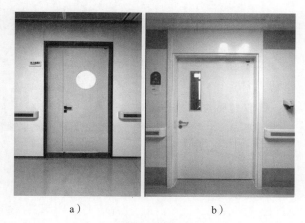
a) b)
图6-7 病房门

5. 垂吊滑轨及窗帘滑轨

窗帘滑轨安装在顶棚上，用于垂吊帘幕，是空间的虚拟划分，使患者的隐私得到一定的保护，一般用于多人间及三人间（图6-8）。垂吊滑轨也安装在顶棚上，用于在病床上方悬吊输液瓶等，其截面比窗帘滑轨稍大，使吊钩易于移动到任何位置，垂吊滑轨也可以使用输液架代替，一般输液架放置在病床前（图6-9）。

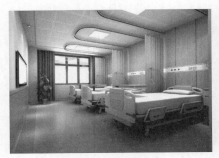

图6-8　窗帘滑轨

图6-9　垂吊滑轨

6. 治疗带

在病床的上侧设置医用治疗带，功能包含中心供氧、中心吸引、电器电源控制开关以及对讲系统等，为了加强患者与外界信息的交流，还设有电视、有线接口以及网线接口等设备。为了视觉效果美观，可以对治疗带与装饰墙面进行整体设计，有横式、竖式、隐藏式、挂画式、集成式等多种外观形式（图6-10）。

7. 呼叫对讲系统

呼叫系统是护士与患者联系以及患者出现紧急情况时进行呼救的设备，一般可以双向呼叫和双向

a）横式

b）竖式

c）隐藏式

d）挂画式

e）集成式

图6-10　治疗带

对讲。呼叫系统可设置在护士站、各病床床头、病房卫生间等部位（表6-8）。

表6-8　呼叫对讲系统设置位置

部门房间	点对点关系	要求
手术部	护士站—各手术室	呼叫、对讲
导管室	护士站—各导管室	呼叫、对讲
各护理单元	护士站—各病房床头	呼叫、对讲
ICU/CCU	护士站—各病床	呼叫、对讲
各病房卫生间	护士站—各卫生间	呼叫

部门房间	点对点关系	要求
CCU 静点室	护士站—各病房卫生间	呼叫
分娩室	护士站—各分娩室	呼叫、对讲

8. 智慧终端

在病床旁设置智能终端设备，通过内网、外网等嵌入医疗信息服务系统、病房娱乐系统和病房服务系统（图6-11）。

a） b）

图6-11 智慧终端

9. 物联技术

将输液检测（质量、流速和位置）、体温检测、冷链检测、位置监管（婴儿防盗、报警、老年痴呆、医疗废弃物）、标签管理、智能床垫等设备与物联网终端链接，实现物物互联，护士站可实时集中监控（图6-12）。

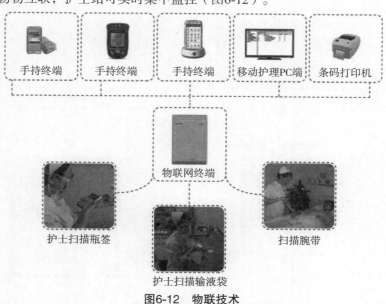

图6-12 物联技术

10. 其他

现在很多医院病房内设有电视、冰箱、微波炉等设施，为患者提供更加人性化的服务。单人间中还可配置电饭煲、电磁炉等电器（图6-13）。

图6-13 设置有操作台的病房

6.2.3 物理环境

1. 采光照明

（1）**自然采光** 病房要有自然采光，病房最好布置于南向，半数以上的病房应获得充足的日照，窗外最好有良好的景观视野。病房窗地比不得小于1：7，宜采用低窗台的形式，使卧床患者能通过玻璃幕墙、转角窗、落地窗等看到室外景观（图6-14）。需要注意的是，为避免室内光线过强及产生眩光，可设置一些遮阳手段，通过在窗上安装遮阳装置、设置阳台等方式对病房的光环境进行调节。

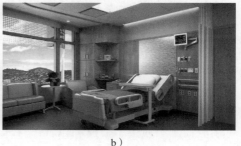

a）　　　　　　　　　　　　　b）

图6-14 低窗布局的病房

为了保证病房里侧的患者视野不受影响，可采用一床一窗的设计理念，每个床位有明确的个人领域空间，在光线、视野上都是均质的（表6-9）。

表6-9 一床一窗病房布局

病房	传统布局	一床一窗布局
双人间病房		

病房	传统布局	一床一窗布局
三人间病房	视野　视野	视野　视野　视野　视野

（2）人工照明　病房照明分为一般照明、阅读照明、观察照明、夜间照明、诊断照明。一般照明照度宜为50～100lx，阅读照明照度宜为75～150lx，观察照明照度宜为10～20lx，夜间照明照度控制在1～2lx，诊断照明照度宜为150～300lx。供每个病床使用的灯具宜在病床周围设置开关，便于控制。病房内的光线应柔和、不产生眩光、中低色温，宜采用间接照明的方式，选用向上照射的灯具，或选用带有保护角或漫反射玻璃罩的灯具。

灯具应安装在病床尾附近的顶棚，不宜安装在床头墙与顶棚相接的顶部边界等处，避免对躺在病床上的患者产生眩光。有条件时可对病房进行简单吊顶处理，形成柔和泛光的照明效果，在符合照度要求的前提下提高卧床患者的舒适感（图6-15）。

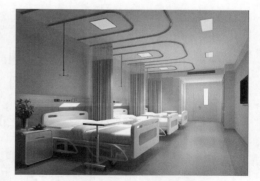

图6-15　病房人工照明

2. 声环境

病房的噪声主要包括空调等设备噪声、卫生间冲水噪声、电梯运行产生的噪声、交通噪声和人员活动产生的噪声等。病房的允许噪声级（A声级）为：昼间不大于50dB，夜间不大于40dB，隔墙与楼板的空气声计权隔声量应不小于40dB，楼板的计权标准化撞击声压级宜不大于75dB。研究表明：当噪声达到45～50dB时，患者的烦躁情绪明显增加，达到55～60dB时，会引起身体不适。要为患者提供安静舒适的医疗环境，就应合理进行建筑空间布局，采用有效的技术手段，防止噪声干扰。

1）利用病房楼周边绿化减噪。绿化具有吸收与反射声波的作用，减噪效果十分显著，据测试，沿建筑周围种植繁茂树木可以使噪声强度降低20～25dB。

2）利用建筑材料与构造手法进行隔声减噪，如采用PVC等柔性地面材料，降低因地面引起的各种响声。房间的隔墙、门窗采用隔声材料与构造，起到良好的隔声作用。

3）利用空间布局创造良好的声环境，要求医患分区、动静分区，配餐室、浴厕、机房等房间尽量远离病房，缩短护理单元走廊长度，减少噪声。

4）在病房内播放适当的音乐，给病房环境增添轻松的气氛，舒缓患者的紧张情绪。

3. 嗅觉环境

想要改善病房的气味，可以采取以下措施。

1）尽量在每个病房中设置较少的病床位，从而减少不良气味扩散的范围。

2）病房内卫生间具有良好的通风排气设施。

3）装饰材料尽量采用天然材料，采光通风良好。

4）医院的空调系统对改善护理单元内的嗅觉环境是十分重要的。可以在空调系统里加入含有植物杀菌素的气体，对稳定患者情绪、缓解患者疲劳能起到不小的作用。

5）放置散发香味的香芬等，营造良好的嗅觉环境。

6）种植绿色植物，改善空气质量。

6.2.4 色彩材料搭配

1. 色彩

高雅的中性暖灰色用于病房，给人一种温馨亲切感，使患者的心理放松下来，舒缓其烦躁的心情，也有利于患者康复（图6-16）。

儿童病房考虑儿童的特点，色彩明快，使用卡通形象、几何形状装饰病房，使房间充满童趣，对儿童患者的情绪很有帮助（图6-17）。

患者卧床时，视线常看到顶棚，因此顶棚应采用柔和且亮度适当的色彩。

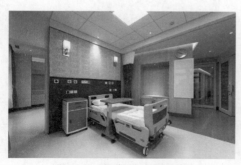

图6-16 温馨的病房色彩

图6-17 儿童病房色彩

2. 材料

材料是空间环境的重要组成部分，其带给人的不仅是视觉上的色彩，还有触觉上的质感。材质的不同决定了材料的独特性和差异性，在运用装饰材料时，常需利用这种独特性和差异性来创造不同的室内空间环境。住院部是患者集中的区域，患者行动不便，存在发生意外的可能性，因此安全性是医疗建筑材料选择的首要要求；其次，住院部作为有大量人员进出的公共场所，材料还应满足抗菌、持久耐用、易清洁等要求；在满足这些功能需求的基础上，还需要满足人们感受上的需求，包括环保、抗噪音、视觉效果良好等。

（1）**地面材料** 住院部是患者在院内长时间使用的空间，为减小患者意外跌倒的可能，宜选用软质地材。软质地材主要包括橡胶卷材、PVC 卷材、亚麻卷材等，其优缺点如表6-10所示。在选择病房内主要地面的材料时，耐久性、耐磨性、易清洁、吸声性能是主要的考虑因素，考虑到有病床及推车的往返与放置，还要考虑材料的压延性。图6-18a所示的病房采用了地、墙、顶一体化的设计手法，突显了病床所在的区域；图6-18b所示的病房利用局部的色彩变化使整个病房的空间氛围更加活泼，地面的色块与窗帘的色彩图案相互呼应，显得病房温馨活泼。

表6-10 地面材料优缺点一览

类型	优点	缺点
橡胶卷材	耐磨性强、压延性能好、防滑、无须打蜡、易清洁、抗噪声、抗酸碱性强、脚感舒适、使用寿命较长	完工一段时间内气味较重、施工时对地面干燥率要求较高、火灾时会产生大量 CO、相较其他卷材价格较贵
复合 PVC 卷材	耐磨性能高、易弯曲、稳定性强、高吸声性、抗菌抗霉、防滑、阻燃、易清洁、脚感好、有一定压延性	火灾中易产生有害气体、废弃后垃圾不便于处理回收、不利于环保
同芯 PVC 卷材	有一定耐磨性、耐久性好、价格低廉	因掺有石粉，材料韧性及弹性降低，脚感及抗噪声性能降低，需维护打蜡
亚麻卷材	绿色环保，有良好的抗压性能和耐污性	抗水抗潮性差、材料硬而脆、耐酸碱性差、保养麻烦
地毯	隔声效果好、脚感舒适、环保、装饰性强	不易清洁、造价高、不利于设备或病床的推行
软木地板	脚感好、防滑性能好、有一定吸声效果	耐磨抗压性差、造价高

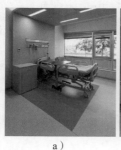

a） b）

图6-18 病房地面材料

（2）顶棚材料 目前，医院常用的顶棚装饰材料主要有：氟碳铝板、铝扣板、纸面石膏板、矿棉板、硅酸钙板。在选择病房顶棚材料时，抗污、不霉变、不落尘、易清洁维护、吸声是基本要求。纸面石膏板、矿棉板、硅酸钙板是在普通病房中使用较多的材料，硅酸钙板与纸面石膏板比矿棉板更适合普通病房。由于纸面石膏板表面平整，板与板之间通过接缝处理可形成无缝表面，可直接对表面进行装饰。故对顶棚表面整洁度与装饰性要求较高时，宜选用纸面石膏板（图6-19）。

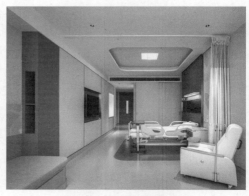

图6-19 纸面石膏板顶棚

（3）墙面材料 墙面材料通常可以分为涂料类、壁纸、墙布、人造装饰板、石材类、陶瓷类、玻璃类、金属类等。

1）乳胶漆是在病房中使用较多的墙面材料，应选择具有抗菌功能和耐擦洗的抗菌乳胶漆。

2）只选用乳胶漆作为墙面材料会存在色彩单调、耐冲撞性差等缺点，而全部选用装饰板等材料，造价又会过高，因此宜根据不同材料的特性混合搭配。如病床床头的背景墙或是医疗设备带以下的墙面可选用耐冲撞、抗菌、耐污、防火的装饰板进行装饰，减少污迹和破损，效果美观，易于清洁，治疗带可与背景墙面一体化处理。病房1.2～1.5m高度以上的墙面可以使用色彩淡雅的、耐擦洗的抗菌乳胶漆，以控制整体造价（图6-20）。

3）电视背景墙可选用图案丰富、易维护的抗菌墙布或墙纸进行美化装饰，给人以温馨舒适的感觉。

4）如果墙面全部为乳胶漆，靠近地面的部位宜加设防撞板。

a）　　　　　　　　　　　　　　　　b）

图6-20 病房墙面材料及床头背景墙

3. 私密性

私密性对入院的患者来说尤其重要，也是患者最基本的心理需求。患者在休息和睡眠时对空间私密度的要求非常高，应设拉帘隔绝同病房其他患者的干扰。

（1）专用空间　单人病房为患者独用，患者享有自主权，具有全部或部分的空间支配权；更有自在感，可自由表达自身的情感；更有安全感，可谢绝外界干扰，又可控制与外界的联系，使用灵活，适应性强。

（2）灵活空间　适时分隔，利用活动隔断、轨道帘幕等将多床病室加以划分，形成临时的私密度更高的空间。

（3）图标提示　一些标语，如"请勿打扰""病房请安静"等，可以使其他人员意识到空间主人的要求，以保持护理单元环境的相对私密。

（4）可变空间　多床病房可以使用可移动的活动隔断将休息区和休闲区进行分隔。

6.2.5　其他因素

1. 无障碍设计

走廊扶手采用双层扶手的形式，方便坐轮椅的患者和正常行走的患者都能使用。

为避免推床及轮椅的碰撞，病房和走廊的墙角需要设置防撞板。

病房卫生间需留有足够的面积保证轮椅患者能够进入。

扶手杆件与固定件的连接要平滑，避免划伤患者手部，扶手杆应耐污、耐水、防滑、手感温润舒适，扶手端部附加盲文，向视觉障碍者提示场所或房间名称，转角处应设计成圆弧状（图6-21）。

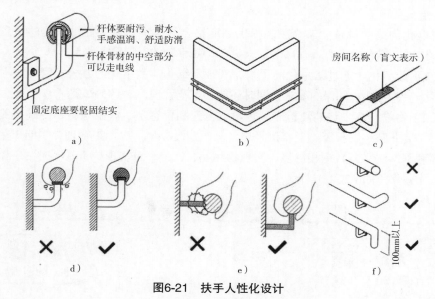

图6-21　扶手人性化设计

为了便于患者行走，病床对面的墙上可适当设置扶手等设施，为患者提供助力。

为了避免冲撞，在走廊转角处视线高度位置做墙体凹入，加入一些装饰元素装饰。

2. 人性化设计

1) 病房设计宜家庭化，给患者提供较高的社会支持。

2) 通过绿植、木质地板等营造家庭氛围。

3) 提供陪护空间、会客空间，支持探访行为。

3. 标识

门牌标识的主要作用在于帮助使用者确定所在位置，尤其是对于探视人员而言，查看门牌标识是其定位患者所在房间的主要方式，简明、可视性高的门牌对于帮助使用者快速定位、减轻护士工作量大有益处。

（1）**信息内容**　病房房间号或病床床位号是帮助定位的最重要信息，需要着重突出，宜采用相对较大的深色字体书写，以浅色的背景为底突出文字。病房责任医师、责任护士、所在科室与楼层等宜纳入所写信息中，患者的信息不宜出现在其中太多，以保护患者的个人隐私。

（2）**安装位置**　靠近病房门两侧、平行于走廊方向、贴墙布置，是大多数病房门牌标识的布置方式，需要使用者在 2m 左右的范围内才能较为清楚地识别。

（3）**电子标识牌**　很多护理单元在病房门旁安装了信息化的电子标识牌，患者信息、责任医生等信息实时更新，清晰明了，体现现代化、信息化的特点。

病房标识牌可以用不同的色彩加以区别，或是在病房门上装饰不同的图案，辅助使用者快速、准确地定位。在设计中还应注意其与医院整套标识系统的配合使用，在内容设计、材质选用、色彩搭配等方面相互协调，充分发挥出各级标识的作用。

4. 智慧化

智能化的终端设备能够为医院提供高度整合的病房信息，促进医院的信息化建设，构建"以患者为中心，提高医护人员工作效率"的医疗服务体系。

（1）**数字化**　通过信息化的手段，实现无纸化、数字化的办公和管理，不仅能节约纸张，达到绿色环保的要求，同时还能够规范管理，提高工作效率。

（2）**物物互联**　将输液检测（重量、流速和位置）、体温检测、冷链检测、位置监管（婴儿防盗、报警、老年痴呆患者、医疗废弃物）、标签管理、智能床垫等设备与物联网终端采集数据相链接，实现物物互联，最终可实现护士站实时集中监控，提高工作效率（图6-22）。

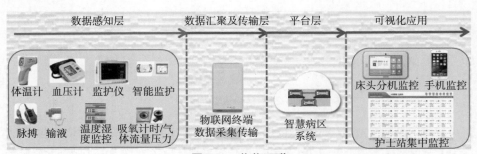

图6-22　物物互联

（3）**护理工作可视化、系统化、可度量**　利用先进的信息化技术，提高护士的工作效率，实现护理工作的"三化"工程，即信息可视化、护理系统化和管理度量化。信息可视化是指病房每天的护理工作、病房床位信息、ICU重症监护信息等能够通过信息化手段快速显现和查阅。护理系统化是指护理工作的有效闭环管理，包括输液闭环、采血闭环、发药闭环、体征采集闭环等，避免出现错误。管理度量化是指病区绩效统计、护理质量检查、患者满意度调查等情况通过信息化手段实时量化，便于医院及时改进问题，提高护理质量。

（4）**可持续发展**　新医院的建设至少要考虑建成后十年之内不落伍，智慧病房的建设也要考虑未来的可持续发展，充分利用先进的技术，如5G、VR/AR虚拟现实、人工智能等。同时也要考虑人口老龄化社会带来的护理人员短缺等问题，因此在未来发展上可适当考虑设置查房机器人等工具，以此解决未来护士人员不够等问题（图6-23）。利用信息技术进行远程诊疗、示教等，解决医疗资源分布不均匀等问题。

图6-23　查房机器人

（5）**信息化系统**　智慧病房信息化系统主要包括床旁智慧服务系统、护士站管理系统、移动护理系统等子系统。

1）护士站管理系统：护士站管理系统主要包括医嘱信息管理、患者医疗信息管理、宣教内容管理、风险评估管理等内容。通过核对条码、床旁采集患者生命体征（通过智能床垫、穿戴设备等自动监测患者体温、心率、翻身起卧情况），自动对患者输液情况进行检测（包括输液流速、剩余时间），自动生成各种护理文书，减轻护士负担，提高护士工作效率，实现全流程精细化智能管理。

2）床旁智慧服务系统：床旁智慧服务系统与医院HIS管理系统相连，病房的智能终端设备通过内网、外网等嵌入医疗信息服务系统、病房娱乐系统和病房服务系统。其中，医院信息化管理系统为住院患者提供透明的医疗信息服务，实现医院与患者信息共享，主要功能有电子床头卡、医院介绍、诊疗信息（包括患者住院信息、每日清单、诊疗单、医护团队、医保合疗等内容）、健康宣教、用药指南等内容；病房娱乐系统可以为患者提供丰富的视频点播内容，从娱乐层面为患者提供服务；病房服务系统为患者提供点餐、保险、药械商城、远程探视、护工预约等人性化增值服务。床旁智慧服务系统的使用可以大大改善患者的住院体验，协助医院对患者进行宣教和管理，提升住院服务品质、提高医疗服务质量、减轻护理人员工作强度，实现医院病房全面信息化与智能化（图6-24）。

3）移动护理系统：通过医护工作站移动化，实现床边医护。移动护理系统注重医护过程的质量管理，注重信息的时效性，目的在于提高工作效率。医护人员通过PDA移动终端能够实现床边实时输入、查询、修改患者的基本信息、医嘱信息等，快速检索患者的护理、检查、化验等临检报告信息，利用条码识别技术快速准确地识别患者出入院、临床治疗、检查、手术等信息以及药品、标本的情况，减少医疗事故和差错。

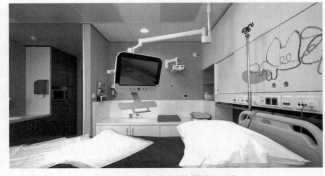

图6-24　床旁智慧服务系统

6.3　护士站

　　护士站是护士的工作基地，工作内容有执行医嘱、记录研究患者的病情进展、接收患者的紧急呼叫、控制闲杂人员流动、接待探视人员等，一般与护士办公结合使用。护士站一般设在护理单元的中部，面向病房，便于与病房联系，现在护士站都设计成开敞式布局，总面积控制在30 ~ 40m²。护士站多以开敞式柜台分隔内外，柜台突出于走廊内墙以拓宽视野，便于观察病区动态，护士站最好能看见患者的床头，其次要能看见各病房和单元的入口，再次要能看见患者活动室的情况，一般在护士站内设置桌椅、病历柜、黑板、电话、洗手盆、呼叫信号主机等。在病房安排上，多将护理密度高的患者安排在靠近护士站附近，以便进行高效看护，护士站与治疗室、处置室等房间应有密切的联系，应将它们布置在护士站周边区域，便于护士往返，提高工作效率。护士站应设置于面对病房的中部，使各区域相互联系紧密，缩短医护路线。护士站到最远病房门口的距离不宜超过30m，宜与治疗室以门相连。

6.3.1　功能布局

1. 位置

　　护士站的位置应在病房区的适中部位或走廊转角处，归纳起来可分为中心（中间）位置、护理单元入口处、分散布置三种布置方式。

　　（1）中心（中间）位置　以护士站为核心，病房围绕护士站展开布置，这种布置方式巡视效率高，由护士站到病房的服务半径基本相等，是很多医院普遍采用的方式。

　　调研时发现，一些条形的护理单元虽然位于中间位置（基本位于中间），但由于病房和医辅用房不集中，护士站到最远病房与最近病房的距离不等，降低了巡视效率。在国外则用每3m交通容纳的病房数量作为指标，容纳的数量越多，则空间安排越合理有效。

　　（2）护理单元入口处　将护士站安排在护理单元入口处，这种布置方式有利于对护理单元进行管理，防止不同病区的患者和其他无关人员进入，减少交叉感染。但这样护士站离端部的病房较远，护理路线长，加重了护士的工作强度。此种布置方式应用不多。

　　（3）分散布置　在一个护理单元内分二个或多个护理小组，每个护理组设置一个护士站，病房沿护士站周边布置，这种布置方式使所有病房离护士站距离相等，巡视便捷，管理方便，工作效率高，护理质量和效果好。但所需护士人员的数量较前两者要多，此种形式在我国的护理单元设计中应用很少。

2. 布局

开敞式柜台附近经常有患者、家属、探视人员前来咨询，故此处人员流动量大，属于动区，在此区域内主要完成接待患者和探视人员、应答患者呼叫对讲、操作计算机等工作。为了不干扰其他护士的工作，护士站内部应设置一处相对安静的区域，用于书写护理病理、核对医嘱等工作。这样根据患者、医护人员的行为活动将护士站动静分区，可以提高工作效率（图6-25）。

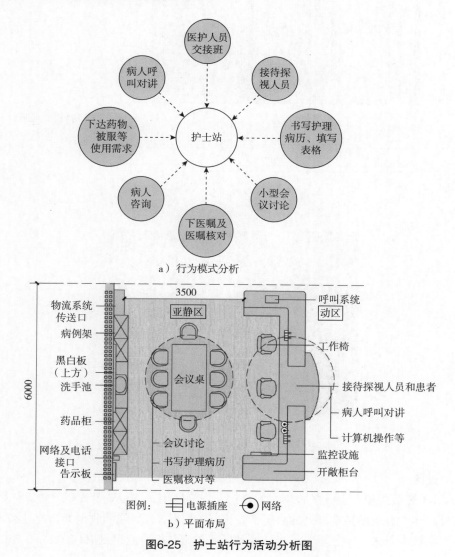

a）行为模式分析

b）平面布局

图6-25 护士站行为活动分析图

复廊式布局应处理好护士站的采光和通风，给医护人员提供一个良好的工作环境（图6-26）。护士站的位置可稍微凸出于走廊，保证护士视线的通透，扩大视线范围，方便观察护理单元的整体情况以及患者情况。

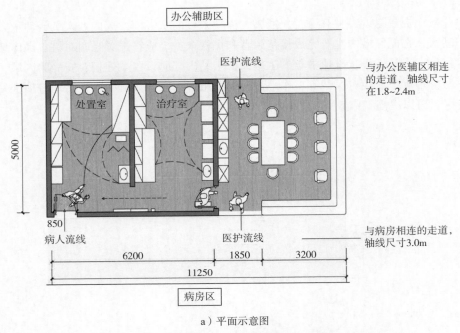

a）平面示意图

b）空间效果

图6-26　护士站与周边空间的关系

3.设施

　　（1）开敞式柜台　开敞式柜台为登记、咨询使用，除设置计算机、电话、呼叫系统外，还设有收纳住院患者的病历卡、检查单以及X光射线的收纳架。此处经常有患者、探视人员来询问，属于护士站的动区。护士站柜台应设置成1050mm、750mm

的双层台面，高位柜台方便患者和家属以站姿进行问询或书写，低位柜台靠近患者一侧向内凹入，便于轮椅患者使用。

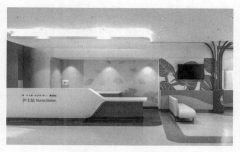

图6-27　开敞式柜台

（2）**小型会议桌**　设有小型会议桌，供8～10人使用，是护士办公、讨论的场所。会议桌在护士站中属于偏静的区域，在书写文件、填写表格时可避免一定的外来干扰，同时用于集体的小型会议及讨论。

（3）**洗手池**　为了防止医院内交叉感染，医生和护士洗手的次数很多，因此应在护士站的合适部位设置洗手池。

（4）**电子白板**　护理站电子白板系统可显示住院患者各种信息，与医生工作站及病房的信息完全互动互联，包括电子病历、移动护理管理、呼叫管理以及护理信息发布管理等。电子白板提高了医护人员工作效率，改善了患者体验。

（5）**显示屏幕**　选择大小合适的屏幕安在护士站背景墙上，使相关信息能够及时反馈在屏幕上，管理便捷。

（6）**物流终端**　护士站常采用气动物流、轨道小车等物流的方式，在设计时要预留好物流终端的位置（图6-28）。

图6-28　箱式物流终端

（7）**其他**　在操作区设置收纳药品和医疗器械的橱柜、资料柜、病历柜（车）、急救手推车等设备。护士站呼叫终端与病房呼叫系统连接，护士可随时查看患者的呼叫情况。

6.3.2　物理环境

1. 光环境

（1）**自然采光**　护士站是护理单元的枢纽中心，目前很多医院护理单元采用复廊式的空间模式，护士站为岛式布局，没有自然采光，致使空气不流通，工作环境受到影响。因此在布局时需要优化设计，尽量避免黑房间的情况，采取适当的方法保证护士站的通风和采光（表6-11）。

表6-11　护士站自然采光方式

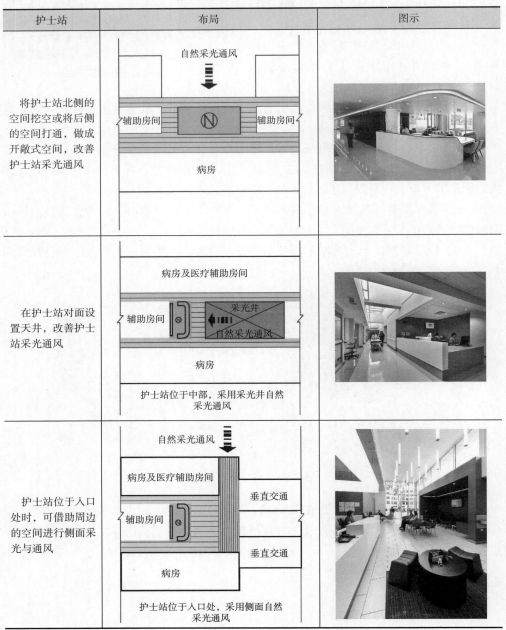

护士站	布局	图示
将护士站北侧的空间挖空或将后侧的空间打通，做成开敞式空间，改善护士站采光通风		
在护士站对面设置天井，改善护士站采光通风		
护士站位于入口处时，可借助周边的空间进行侧面采光与通风		

（2）**人工照明**　照明采用一般照明、局部照明、重点照明相结合的方式。

开敞式柜台上方设计重点照明，建议采用照明光梁，增加灯光的照明层次，推荐照度值不小于300lx，提高护士站的照度值可以降低护士工作的出错率，色温在3000K左右（图6-29）。

图6-29　护士站人工照明

夜间，病房关灯之后应适当降低护士站的照度，设置多路开关进行控制。

2. 声环境

护士站的侧壁选用软质的吸声材料，降低交谈时对他人的噪声干扰。

6.3.3　色彩材料搭配

1. 色彩

宜采用亮度高、饱和度低的调和颜色，相关区域的色彩基调应做到风格统一。可以大面积使用暖色调，给人感觉温馨自然，借此消除患者因住院产生的负面情绪，在局部点缀一些冷色调，提高医护人员的工作效率。

考虑到护士站的辨识度，整体色彩与护理单元统一，局部使用醒目、活泼的颜色增强识别性，可以活跃气氛，缓解护士工作的紧张情绪（图6-30）。

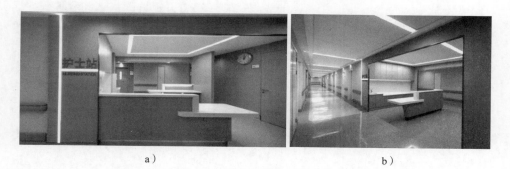

a)　　　　　　　　　　　　　　　　　　b)

图6-30　护士站色彩辨识性

2. 材料

护士站通常采用双层台面，台面材料应易清洗和耐磨，可选择人造石材作为台面，胶板贴面可用于台面内侧装饰。

病房走廊的地面装饰材料也可用于护士站地面，选橡胶卷材或复合卷材，也可做一些花色铺贴（图6-31）。

图6-31　护士站地面材质

6.4　辅助用房

6.4.1　功能布局

护理单元一般由患者区、治疗辅助区、医护辅助区、交通设备区组成，其中患者区占护理单元的40%左右，治疗辅助区占25%左右，医护辅助区占5%左右、交通设备区占30%左右，各个区域包含的空间如表6-3所示，这里不再赘述 。

1）治疗辅助区与患者区应该相对分离布置，宜通过护士站联系二者，避免交叉感染。

2）在布局时尽量做到医患分区，医护辅助区应远离病房区的干扰，形成安静的工作环境。

3）污洗室等污染区自成一区，与污梯有便捷的联系。

6.4.2　空间设计

1. 治疗辅助区

（1）治疗室　治疗室靠近护士站，用于准备输液、配药备车、准备敷料、存放器械等，室内应设有治疗台、器械柜、药品柜、洗手池、冰箱等（图6-32）。

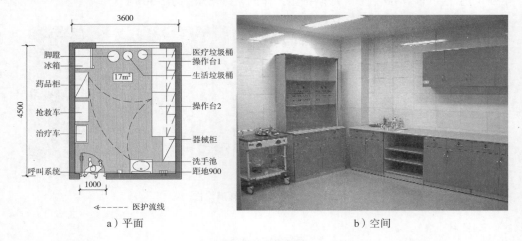

a）平面　　　　　　　　　　　　　　　b）空间

图6-32　治疗室

（2）处置室　处置室一般位于治疗室旁，有的医院把处置室作为综合处置室使用，可以进行穿刺、灌肠、备皮等医疗行为，设有诊察床、治疗柜以及放置各种医疗器具的长桌，设有消毒锅、洗手池等设备（图6-33、图6-34）。现在很多医院的处置室直接与治疗室相连，内部设门和通道，设置洗手池、分类垃圾桶等设施，方便将治疗室产生的医疗垃圾等废物直接放置到处置室，满足院感要求。

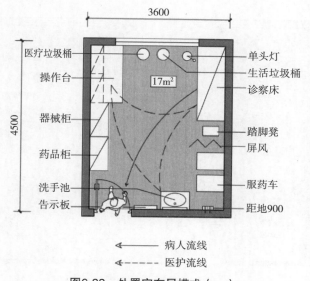

图6-33　处置室布局模式（一）

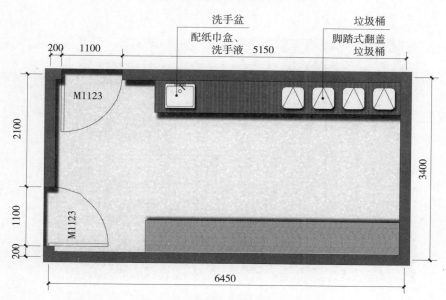

图6-34　处置室布局模式（二）

（3）医生办公室　医生办公室是医生办公的场所，根据医生数量合理确定办公室面积，不小于2m²/人。医生办公室的位置一般设置在北侧，采光通风好，免受外界的干扰，示教室在办公室的旁边，与护士站和病房联系方便。办公室内设置办公桌、文件柜、洗手池等（图6-35）。

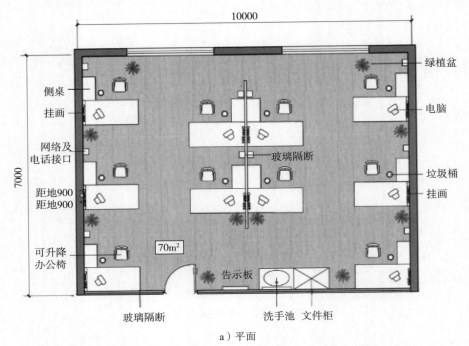

a）平面

b）空间

图6-35 医生办公室

（4）主任办公室 主任办公室供主任医师办公使用，与医生办公室等空间有便捷的联系，面积在10m²以上，设有文件柜、办公桌椅、接待座椅（或接待区）、洗手池等设备（图6-36）。

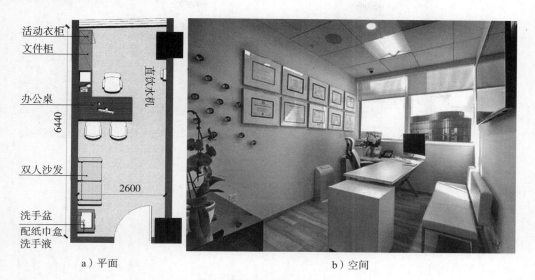

a）平面   b）空间

图6-36 主任办公室

（5）**配餐间** 配餐间靠近电梯厅，最好内部有餐梯，有燃气管线引入。配餐间用于加工分配食品、洗涤存放餐具以及供应开水，通风采光良好，应设橱柜、电热水炉、微波炉、配餐车等设施（图6-37）。

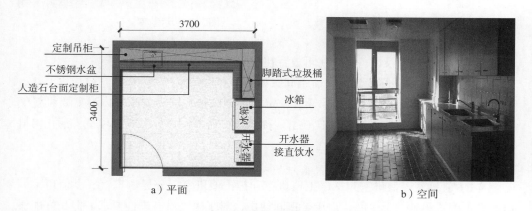

a）平面   b）空间

图6-37 配餐间

（6）**污洗室** 污洗室应靠近污物出口处，内设拖布池、分类垃圾桶、开放式储物架、储物柜等，应有倒便设施和便盆、痰杯的洗涤消毒设施。污洗室应有自然通风，可利用紫外线或者其他消毒方式进行消毒。最好设置晾晒阳台，便于晾晒衣物（图6-38）。

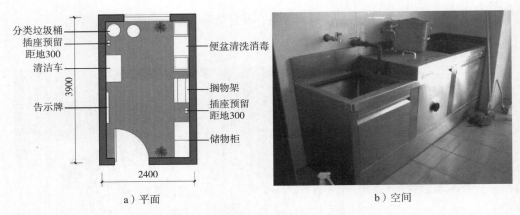

图6-38　污洗室

图中标注：
分类垃圾桶
插座预留距地300
清洁车
告示牌
3900
2400
a）平面
便盆清洗消毒
搁物架
插座预留距地300
储物柜
b）空间

（7）其他

1）示教室：示教室内部设有会议桌椅、电教设施、投影仪和投影屏幕、网线接口、闭路电视等设施，面积要考虑示教、会议等使用情况，一般不小于30m²，与医生办公室、护士站等联系方便（图6-39）。

2）库房：库房包括被服库、设备器械库等，储

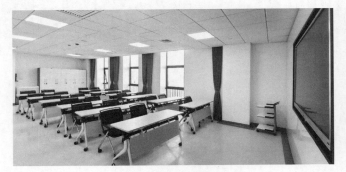

图6-39　示教室

存病区内干净被服以及设备，库房可放置在中间位置，对采光没有要求。

3）科研空间：设置一定的科研空间，如GCP实验室等。

4）检查室：根据科室的需求设置一定的小型医技空间，如呼吸内科需要设置气管镜室，神经内科需要设置功能检查室，神经外科需要设置神经电生理室，消化内科需要设置胃镜检查室和肠镜检查室。

2. 医护辅助区

（1）值班室　值班室包括医生值班室和护士值班室，分男值班室、女值班室，值班室可配置单独的卫生间，由于是夜间使用，对于采光没有硬性要求，但最好能够通风。

（2）卫生间、更衣淋浴间　设置医护人员使用的卫生间，与患者分开，与更衣间、淋浴间临近，在设计时可组成模块，方便医护人员使用。

设置更衣间以及淋浴间，供医护人员更衣淋浴使用，与值班室邻近，靠近医护人员入口处。

（3）**晾晒间**　设置晾晒间，要求阳光充足、通风良好（图6-40）。

（4）**阳光角**　阳光角就是在阳光充足的区域设置供医护人员休息、用餐的空间，缓解医护人员工作压力，选择开敞式空间布局，布置餐桌、休息座椅、茶几、书刊架、电视、绿植及其他娱乐设施，光线充足，视野良好（图6-41）。

图6-40　晾晒间

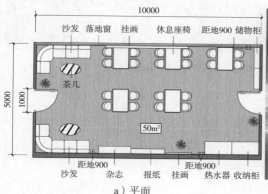

a）平面

b）空间

图6-41　休息就餐空间

3. 患者区

（1）**活动室**　设置活动室，为患者提供社会交流、休闲活动的地方，空间内可放置便于交流的座椅、棋牌桌、电视、阅览用的设备及期刊书籍，一般设置在南向，景观视野良好，与病房有便捷的联系（图6-42）。

一个护理层如有两个病区，活动室可放置在中间公共区域，两个护理单元共享，平急结合，平时作为活动室，急时作为虚拟探视区使用。

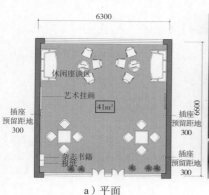

a）平面

b）空间

图6-42　活动室

（2）公共卫生间　在患者区设置公共卫生间，供患者或陪护人员使用，建议设置成中性卫生间，方便患者及家属使用，同时也节省空间。

6.4.3　物理环境

医生办公室家具垂直于采光口布置，光环境应分布均匀，光线柔和，照度应不小于300lx（图6-43）。

治疗室应保证照度值不小于300lx，明暗对比度不宜过高，减少阴影的出现和避免眩光，以冷色光为主，暖色光为辅。

医护值班室远离声源较大的患者区，尽量布置在端部，营造安静的休息环境。

图6-43　医生办公室采光

6.4.4　色彩装饰搭配

治疗室、处置室等用房可选择浅蓝色，营造安静平和感。

医生办公室以明度较高、色彩纯度较低的柔和冷色为主，营造安静舒适的环境氛围。

医生办公室等空间摆放造型独特或者香味怡人的植物，美化环境。

在走廊空间或其他空间布置相应的宣传作品，展示科室文化，增加凝聚力。也可以适当设置摄影、绘画等艺术作品，缓解医护人员工的工作压力。

6.4.5　其他因素

可适当增加医护辅助区的面积。

医护人员进入病区宜有单独的电梯与通道入口，医患分流。

利用医用电梯或医用通道旁的开阔空间布置医护交流区，配置座椅、绿化、茶几等。

第7章
医院其他空间设计

7.1 医院商服空间

医院商服空间主要是指医院的餐饮、商业等公共服务性空间，如餐厅、咖啡厅、餐吧、茶座、零售超市、便利店、茶水间等。

7.1.1 功能布局

1. 餐厅

餐厅美食区应依据服务规模与服务对象分级设置，可分为美食广场、体检餐厅、中餐厅、西餐厅、面包房等空间（图7-1、图7-2）。

餐饮美食区的位置应考虑保证安全、效率与人文关怀，远离感染科，靠近门诊科室、手术科室与医院护理单元，结合入口空间、医院大厅、医院街与庭院进行设置。

图7-1 医院餐厅

图7-2 医院面包房

2. 超市

零售超市和便利店主要提供各类生活必需品，也提供饮食服务，销售各种食品和饮料，一般有较多的商品，由专人负责。超市一般设置在门诊、住院大厅、医疗街等位置，超市位置应该易于寻找，可以在超市或便利店入口附近设置健康食品与饮品的宣传展位。如图7-3所示，医院超市位于医院的主要通道旁，方便患者寻找，入口处设置了食品展台，内部空间布局有序，为患者提供便捷的商业服务。

a）超市入口   b）内部布局

图7-3　位于交通通道的医院超市

3. 咖啡书吧

将咖啡厅、茶水吧等空间组合布置，给患者、陪护家属、医护人员提供休闲交流空间。一般将书吧布置于大厅、医院街等空间内。现在一些医院也会引入品牌连锁咖啡厅，打造医院休闲空间去处（图7-4）。

图7-4　医院内的咖啡厅

7.1.2　空间设计

1. 空间位置

1）商服空间与医院入口相结合，使医院空间与城市空间有一个生活化的过渡。患者可以坐在此处看着外面街景，能够舒缓压力。

2）商服空间与中庭空间相结合，合理组织布局，使空间具有良好的可达性和较高的识别度。

3）商服空间与医疗街相结合，将商服空间布置在医疗街的一侧、两侧或者端部，空间识别度较高，使医疗街在组织交通的同时，还能为患者、陪护家属营造轻松的氛围和生活化的场景。

4）商服空间与庭院相结合。很多医院为了采光通风，会设置一个或者多个内庭院，将商服空间布局在内庭院附近，采光通风的环境良好，同时又具有良好的景观视野（图7-5）。

图7-5　商服空间与庭院相结合

5）商服空间与医院灰空间相结合，将底层架空、部分悬挑的灰空间布置成商服空间，将室内空间延伸到室外，使空间富有变化。

6）将商服空间统筹规划到地下区域，餐饮服务空间多以美食街和商务中心的形式出现，通过竖向交通系统联系上下，方便直接。

2. 空间布局

1）餐饮空间利用矮墙、隔断、屏风、绿化等进行空间划分，给就餐者营造舒适安全的就餐环境。如图7-6所示，医院餐厅用绿植分隔不同的就餐区，同时也美化了就餐环境。

2）就餐区应保护就餐者的隐私，应对成组的就餐席位进行空间划分，可采用靠背高度大于1.2m的座椅。如图7-7所示的医院餐厅，采用卡座的形式与周边的区域进行分隔，具有一定的私密性，同时又与周围的空间有着视觉上的联系。

图7-6　绿植分隔

图7-7　卡座分隔

3）餐饮空间可以通过不同的家具布局模式来组织空间和分隔空间。如图7-8所示的医院餐厅，沿墙摆放的一字形吧台与周边的四人餐桌对空间进行了划分，使餐厅的空间组织与划分合理有序，空间利用率也高。

a）不同的家具摆放形式

b）靠墙座位

图7-8　通过家具摆放组织空间

4）超市或者便利店可结合入口空间设置，兼顾对建筑外部服务，应注意避免货物杂物堆放于室外使整个入口空间显得杂乱。

7.1.3　色彩材料搭配

1. 色彩

医院商服空间的色彩设计应该既宜人活泼，又与医院整体的色彩氛围相搭配，让使用者保持良好的心情，对使用者产生积极的心理影响。

医院餐饮空间宜采用明亮温暖的色调，如橙色系、黄色系等色调，局部使用亮色和跳色点缀空间，烘托餐饮空间温暖的氛围，为空间增添活力。超市、便利店等空间宜选择白色作为主色调，白色自带清洁感，给人整洁明亮的感觉。咖啡厅、茶室等空间可以适当采用暗色调或者对比强烈的色调，为使用者营造安静、私密的氛围。如图7-9所示的医院餐厅，整体采用暖色调进行装饰，墙面采用木色装饰面板，地面采用鱼骨拼木地板，餐桌椅的颜色与墙面地面保持一致，营造出温馨舒适的就餐环境。如图7-10所示的医院餐厅，整体采用偏暖的中性色，在局部的隔断、顶棚、吧台等位置使用橙色，灯带也采用橙色，打造既舒适又具有个性的就餐环境。

图7-9　温馨的医院餐厅　　　　　　　　图7-10　个性化的医院餐厅

2. 材料

医院商服空间除了应选择绿色、环保、安全的装饰材料外，还应选用抗菌材料，满足无菌耐用、易清洁等要求，从而减少传染疾病的可能性。

医院商服空间地面材料应尽量与医院公共空间相统一，同时注意防滑和易清洁，可选择石材等材质。顶棚可采用石膏板造型涂刷抗菌涂料、矿棉板、金属板等多种材料。墙面可选用抗菌涂料、玻璃、木材、石材、金属板材、防火板等材料，使餐饮空间的设计更为生活化也更具活力和亲和力。如图7-11所示的医院餐厅，顶棚采用金属板，地面采用暖灰色地砖，墙面和柱面采用金属、软包、装饰板材等多种材料，整个环境以高级的暖灰色为主色调，营造整洁雅致的就餐环境。

a）用餐区　　　　　　　　　　　　　b）点餐区

图7-11　医院餐厅材料

7.1.4　物理环境设计

1. 声环境

空间布局尽量做到动静分区，对空间进行合理划分。

采用吸声材料减弱室内噪声。

在不干扰服务活动正常运行的前提下，可在餐饮区域引入具有疗愈性的音乐，如自然主题的环境声等。

2. 光环境

（1）自然采光　充分利用自然采光，使室内空间光线充足，营造明亮开朗、充满活力的空间氛围，同时将室外的美景引入室内，使室内视野开阔，打造疗愈空间。如图7-12所示的医院餐厅，靠近室外的界面采用落地的玻璃窗，自然采光充足，整个空间明亮整洁，令人心情愉悦。

地下一层餐饮空间应结合下沉广场庭院与采光井组合布置。

咖啡书吧空间应通透，以利于景观、阳光的引入，围合界面可选用玻璃幕墙。如图7-13所示的某医院的咖啡书吧，外墙采用整面的点支式玻璃幕墙，自然光线充足，座位安排在靠近窗户的位置，客人能看到室外的优美景观，打造舒适的休闲空间。

图7-12　充足自然光线的医院餐厅　　　　图7-13　引入室外优美景色的咖啡书吧

（2）人工照明　餐厅照明设计比较多样化，应保持合理的照度、色温和亮度，避免产生眩光。可设置造型独特的吊灯，营造温馨舒适的就餐环境，缓解患者的情绪，通过生活化的气氛和温馨的人工照明，达到医院空间"去医院化"的效果。

3. 嗅觉环境

咖啡厅、面包房、鲜花礼品店常设置在入口、中庭、医院街等位置，店铺的香味能够打造良好的嗅觉环境。如图7-14所示，医院入口处设置了便利店、鲜花礼品、咖啡厅等商服设施，进入医院大厅就能闻到空气中淡淡的咖啡香味、鲜花香味和水果香味，缓解了患者的就医压力，也能为患者提供了便利的服务。

除此之外，还应做到自然通风良好，设置良好的新风系统，保持空气流通；提高医院的清洁卫生管理水平，打造干净整洁无异味空间；适当设置绿植，净化空气环境。

a）某医院入口处咖啡店　　　　　　　　　　b）某医院入口处鲜花店

图7-14　医院商服设施改善医院的嗅觉环境

7.1.5　人文环境设计

1. 人性化设计

餐厅美食区宜设置在室外自然景观良好的位置，且景观视线不能被就餐区域的隔断遮挡。

餐厅、咖啡吧等商服的墙面、隔断与桌椅宜选用自然属性较强的材质，如亲肤的木质等。

绿植、艺术品应位于视线可及之处，以便使用者欣赏。可选用形式美观的绿植、尺寸较大的挂画或象征自然的艺术品（如茎叶、飞鸟等）作为空间隔断。如图7-15所示的咖啡书吧，用低矮的书架划分空间，在空间入口处放置两盆绿化盆栽，不仅能够美化环境，同时还起到空间引导的作用。

咖啡书吧的座椅区应靠近玻璃幕墙设置，玻璃幕墙应选用横档与竖档排列稀疏的形式，以使使用者在坐立的同时能够欣赏到自然景观。

餐厅美食区的名字可选用贴近自然的文字，如"美食花园""绿树餐厅"等，提供使人放松的信息。

室内摆放艺术品，不但能提高室内品质，合适的艺术品还能降低患者对疾病、疼痛的关注度，甚至起到激励人心、战胜病痛的作用。如图7-16所示的自助饮水区，在设备上放置一头粉红色的可爱的小象摆件，患者看到小象会莞尔一笑，减缓了焦虑情绪，一个小小的摆件营造出非常温馨的疗愈角落。

图7-15　咖啡书吧的绿化

图7-16　自助饮水区的可爱摆件

2. 无障碍设计

1）在出入口、排队等候处等处设置行动障碍人士专用的位置。

2）在取餐台、服务台等处设置不同高度的柜台，方便不同的患者取用。

3）餐饮空间的转角处最好能处理成圆角，扩大视野范围，便于避让和转弯。

4）点餐或提供餐饮服务时，通过语音设备和盲文等方式给视障人士提供信息，通过振动设备等辅助听力设备为语音障碍者提供信息。

5）餐厅美食区的入口应考虑无障碍设计，餐厅美食区的座位应考虑无障碍设计，空间不能过于拥挤，宜留有供轮椅使用者使用的空位。如图7-17所示的医院餐厅，在入口、通道宽度以及餐桌形式上都有利于乘坐轮椅的患者方便用餐，体现了设计的人性化。

图7-17　医院餐厅的无障碍设计

7.2　医院卫生间设计

世界厕所组织发起人杰克·西姆曾讲过：厕所是人类文明的尺度。

目前很多医院已经拥有了先进的治疗设备与措施，医疗水平也在不断提升，虽然医院整体水平在不断提升，但是也有被忽视的地方，如医院卫生间。卫生间是医院室内空间不可或缺的部分，无论是患者、家属还是医护人员，都需要使用卫生间，如果设计不合理、使用不方便，甚至出现跌倒摔伤等危险情况，会直接影响使用者对医院的印象。医院卫生间的病菌感染是医源性感染的主要来源，卫生间管理不当也会出现交叉感染等感控问题。因此医院卫生间的设计非常重要，应该加强重视，保障患者、家属的安全使用。

7.2.1 功能布局

1. 普通卫生间

普通卫生间是指一般患者使用的卫生间，分为男卫生间和女卫生间，分布在入口大厅附近、医疗主街附近以及各个科室空间内部，由前室、如厕空间、辅助空间等组成（图7-18）。

a）前室   b）如厕空间

图7-18　普通卫生间

前室位于如厕空间之前，供使用者清洗、整装仪表，设置镜子、洗手盆、干手器、卫生纸、洗手液、置物架以及婴儿台等人性化设施。

男卫生间如厕空间由大便区、小便区组成，大便区设置隔间，隔间内应设置蹲便器或坐便器、输液吊钩、挂衣钩、卫生纸、垃圾桶、扶手等设施，应采取蹲便和坐便器相结合的方式；小便区由小便器以及挡板组成，小便器宜选用挂式小便器，方便对地面进行清洁。

辅助空间包括清洁间、杂物间、开水间等。

2. 中性卫生间

中性卫生间也称第三卫生间，是为行为障碍者或家属协助行动不能自理的亲人（尤其是异性）使用的卫生间，如女儿协助老父亲、母亲照顾孩子等。如果已有第三卫生间的区域，普通卫生间可不再单独设置无障碍厕位（图7-19）。

a）儿童小便器及婴儿座椅　　　　　b）婴儿打包台　　　　　c）成人坐便器

图7-19　中性卫生间

卫生间入口宽度应符合无障碍设计需要，不宜设置台阶，如有台阶需要进行无障碍设计。

卫生间的门应向外开启或平移开启，不宜采用内开门或弹簧门，鼓励采用手动控制的电动移门，门口宽度应不小于1.00m，厕位内的轮椅回转面积应大于1.50m×1.50m。卫生间里走道的最小宽度应不小于1.20m，双排小便器的走道宽度应不小于1.50m，如果是改建的卫生间，可酌情减少。

宜设置成人坐便器、成人小便器、儿童坐便器、儿童小便器、成人洗手盆、儿童洗手盆、多功能护理台、儿童安全座椅、挂衣钩和紧急呼叫器、助力扶手等。厕纸盒、紧急呼叫器（拉绳或按钮）应靠近坐便器设置，方便单手触及，紧急呼叫器终端的位置应有人不间断值守。

婴儿安全座椅可采用落地式或离地式，安全座椅底部距地距离应为0.40m，位置应靠近成人坐便器或是成人可触及的位置。

3. 无障碍卫生间

无障碍卫生间是在出入口、室内空间及地面材料等方面方便行动障碍者使用且无障碍设施齐全的小型无性别卫生间。在医院卫生间区域内需要设立无障碍卫生间或者无障碍厕位，配备专门的无障碍设施，包括方便乘坐轮椅人士开启的门、专用的洁具、与洁具配套的无障碍扶手等，给残障患者、老人等提供方便（图7-20）。

设计无障碍卫生间时应注意以下要求：

1）卫生间净面积不小于4.00m²。

2）卫生间内有直径1.50m的轮椅回转空间。

3）卫生间的洗手台深度为 500～550mm，高度应在740～790mm之间，台面最好采用圆角处理，避免患者磕碰。洗手台底部应留出宽0.75m、高0.65m、深0.45m的空间，方便乘坐轮椅者使用，在洗手盆上方安装镜子，出水龙头采用感应式水龙头，洗手池两侧和前端宜设安全抓杆，材料应选用防滑抗菌的材料，洗手台的上方也要设置求助按钮，高度不超过 1.1m。坐便器应采用感应式冲水，可以采用一次性垫圈，避免病菌的交叉感染。

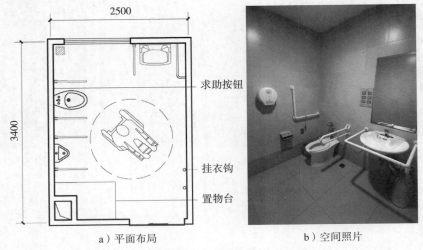

a）平面布局   b）空间照片

图7-20　无障碍卫生间

4）坐便器的高度以450mm为宜，在高度400～500mm的位置设置求助按钮，在700mm高的位置设置安全抓杆。在坐便器的选择上，由于一些老年患者下肢肌肉无力，坐下、站起的动作都很难单独完成，可以将坐便器整体抬高几厘米或设置自动升降式坐便器，方便肌肉无力患者的使用。

5）小便器宜选用感应式冲水的挂式小便器。小便器距离地面的高度以400mm为宜，同时设置水平与垂直方向的安全抓杆。

6）无障碍卫生间最好选用感应式推拉门，方便患者进出，厕门的上锁装置应选用内外双重锁，手触式上锁，保证在特殊紧急的情况下，在外面也可以开门，厕门的宽度应大于900mm。

具体布局以及设施如图7-21～图7-23所示。

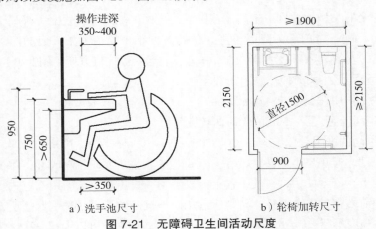

a）洗手池尺寸   b）轮椅加转尺寸

图7-21　无障碍卫生间活动尺度

a）入口

b）自动按钮

c）内部设施

图7-22　某医院无障碍卫生间（一）

a）入口感应门

b）内部设施

c）拉绳式呼叫器

图7-23　某医院无障碍卫生间（二）

4. 病房卫生间

每间病房宜附设独立卫生间，宜采用切角型卫生间，便于视线观察及靠墙端的病患转移推床。

为方便治疗过程中的患者如厕，卫生间面积不宜太小。厕位内需在洁具前方和侧方留出护理人员辅助的行动空间，如有条件，按无障碍厕位设置直径不小于1.50m的轮椅回旋空间。卫生间应采用干湿分离设计，洗手盆及坐便器设为干区，淋浴间设为湿区，具体如图7-24所示。

卫生间可采用平开门、推拉门等形式，采用平开门卫生间，门应向外开启或双向开启，门扇外侧应设高0.90m的横扶把手，门扇里侧设高0.90m的关门拉手，还应采用对外可紧急开启的插销，门的下方宜设反向百叶，可从百叶窗进行观察。

卫生间宜在洗手台附近、坐便器后方、洗手盆底等部位设置防水插座，插座带漏电保护功能。在淋浴旁、便器旁应安装紧急呼叫系统，宜安装在墙壁低处，方便跌倒的患者伸手使用，建议采用按压与拉绳两用设备。

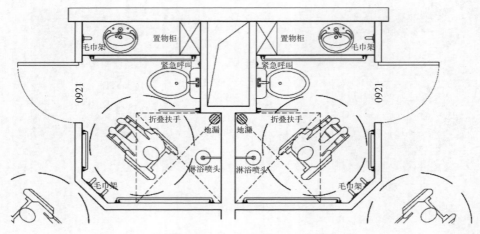

a）平面布局

b）内部设施

图7-24 某医院病房卫生间

卫生间坐便器两侧或者一侧、淋浴旁等部位应设置无障碍扶手，高度适中，安装牢固。还要配备厕纸收容器、厕纸盒、镜面、洗手液、镜柜等。

设置便于临时存放尿液样品和粪便样品的置物台和方便临时摆放拐杖的支架。为方便患者如厕，宜设马桶，若只有蹲便器，建议增设移动简易坐便凳。

卫生间宜采用单向通风设计，充分利用自然通风，防止卫生间气体流入病房。无法进行自然通风的，宜采用全厕压强差模式新风排风系统，防止异味泄露，确保病房空气清新。

5. 儿科卫生间

考虑到儿童特点及身高尺寸，宜设坐便器，配置儿童坐便器坐垫，坐便器高约350mm，小便器高度为300mm，洗手盆的高度在500～550mm。

洗手区应设置儿童洗手台（盆）和成人洗手台（盆），配洗手液和擦手纸盒。

卫生间内宜设置婴儿护理台，方便给幼儿换尿布。

一些病房还要设置隔离患儿卫生间。

6. 检验中心卫生间

检验中心卫生间应尽量与体液采集室相邻，以免造成患者在门诊空间穿行不便，对空间的环境造成污染，也不利于保护患者的隐私。检验中心卫生间的位置可单独集中布置在科室内部或周边，也可以与其他功能科室共用卫生间，但应紧邻体液采集室。

卫生间的平面形式应考虑避免体检患者流线与其他人员流线产生冲突，也要考虑患者拿着体液时的尴尬，男女盥洗间尽量分开设置。如果是紧邻检验空间的卫生间，可在卫生间内可设置传送窗口，通过传送窗口把液体送到采集室，直接在卫生间内部完成传送体液的行为，保护患者隐私的同时，也不会对其他区域产生污染。

卫生间的大便器应采取脚踏式冲水系统，方便患者采取检验样本。小便器应考虑男性患者采取尿液的高度，立式小便器可以避免尿液的外溅。卫生间内设置便于放置样杯（管）的台架。为避免检验中心卫生间发生交叉感染，卫生间内部最好采用负压排风装置。可以适当放置一些熏香设施，减少卫生间难闻的气味。可以在卫生间内放置绿植，播放轻音乐，舒缓患者的心情，营造疗愈空间，具体如图7-25～图7-27所示。

a）平面布局

图7-25　检验科女卫生间

b）样本收件窗口　　　　　　　　c）内部流线

图7-25　检验科女卫生间（续）

a）如厕区　　　　　b）样本收件窗口　　　　c）样本放置区

图7-26　检验科男卫生间

a）样本采集说明　　　　b）取纸说明　　　　c）样本传递说明

图7-27　样本采集说明

7. 妇产科卫生间

妇产科公共卫生间在设计时应充分考虑孕妇的行为特征，设置坐便器，应设置扶手以及方便孕妇通行的空间尺寸，在卫生间内宜设置无障碍设施及亲子卫生间。为方便产后妇女如厕，宜设马桶，若只有蹲便器，建议增设移动简易坐便器，具体如图7-28所示。

为避免孕妇如厕时突然分娩，导致新生儿被卡厕所等意外发生，建议增设防卡设施。建议配置带妇洗、药熏功能的智能马桶设施，方便有妇疾患者使用。

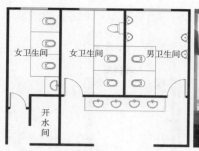

a）平面布局   b）前室

c）如厕区   d）婴儿打包台

图7-28　妇产科卫生间

8. 卫生间配套空间

（1）**母婴室**　在儿科、妇产科等科室宜单独设置母婴室，位置与卫生间临近，与等候区等空间联系便捷。设置婴儿车停放区、儿童活动区等空间，配备座椅（沙发）、婴儿整理台、儿童安全座椅、操作台、温奶器、微波炉等设施（图7-29）。注重哺乳空间的私密性设计，可设置隔断、帘幕等。

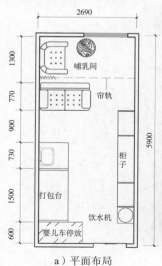

a）平面布局   b）室内设施

图7-29　母婴室

（2）**清洁间**　在卫生间区域内宜设置清洁间，清洁间内设置清洁池、清洁物品和清洁工具存放区。

清洁池内及其边缘附近应设地漏，排水管接入厕内污水管网。

（3）**工具间**　医院每层楼应至少设置1个工具间。

工具间内应配置清洁卫生间所需的清洁工具、消毒物品及保洁员个人防护用品。

清洁间和工具间可以设置在一起，使用方便，也可以分开独立设置（图7-30）。

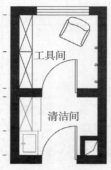

a）平面布局　　　　b）空间照片

图7-30　清洁间和工具间布局

（4）**开水间**　开水间宜设置在卫生间区域内，一般为开敞式布局，方便患者及家属取用热水，避免烫伤，周围还会设置热水炉、置物台、垃圾桶等设施（图7-31）。

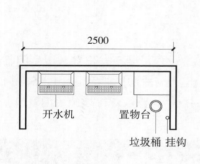

a）开敞式开水间平面　　　　　　　　b）封闭式开水间平面

c）开敞式开水间（一）　　d）开敞式开水间（二）　　e）开水间与周边位置

图7-31　开水间布局

9. 卫生间模块化设计

将普通卫生间、无障碍卫生间、清洁间、开水间等空间组成标准化模块，能够节省空间，方便实用（表7-1、表7-2）。

表7-1　卫生间设计要求

公共卫生间	位置	小型集中式公共卫生间 + 各科室独立卫生间
	尺寸	尽可能将普通厕位设置为多功能厕位，多功能厕位的面积为 3 ~ 4m²
	数量	增加女卫生间厕位数量，按日门诊量计算 男卫生间每 100 人次设大便器不应少于 1 个，小便器不应少于 1 个 女卫生间每 100 人次设大便器不应少于 3 个
	前室	厕所应设前室
	儿科	设置儿科专用卫生间和隔离卫生间，女卫生间内应设置一个儿童小便器方便母亲照顾儿子，卫生间内部需设置置婴处或活动式更换尿布台，同时需要考虑体格差异对于卫生间设备需求的影响
	妇/产科	分别设置妇科专用卫生间和产科专用卫生间。保持卫生间的清洁，坐便器上的垫子要及时更新
	其他门诊科室	各科室设置独立的男女卫生间，设计时根据科室自身特征进行相应调整
	门	采用弧形门或双重门
	便器	增加坐便器，及时清洁更换坐便器坐垫，公共卫生间内需要设置尺寸较小的儿童便器，小便器也需要配适不同身高年龄段的人使用
	扶手	大便器与小便器位置均安装扶手，在卫生间室外墙壁、室内墙壁、洗脸盆处按需设置扶手
	洗脸盆	洗手盆为节水型龙头，公共卫生间洗手盆高度需要考虑到儿童和轮椅患者
	输液吊钩	卫生间内设置输液吊钩，空间尺度要能满足轮椅输液的要求
	无障碍设计	设置无性别卫生间与患者专用无障碍卫生间，在空间上考虑多种不同轮椅的使用情况，设置不同大小的厕位，在标示上用大尺寸的文字符号来指明位置，对于视力障碍患者则设置触摸或脚踩的盲文提示
	呼叫装置	设置紧急呼叫装置，安装位置相对固定，设置在便器旁 L 形扶手侧，位置较高，需站立触碰，防止儿童误触
护理单元内卫生间	类型	集中式公共卫生间，病房附属式卫生间，医护人员卫生间
	做法	1）当卫生间设于病房内时，宜将卫生间门开在走廊侧，提高效率 2）护理单元集中设置卫生间时，男女厕位比例宜为 1：1，男卫生间每 8 床应设 1 个大便器和 1 个小便器。女卫生间每 16 床应设 3 个大便器 3）医护人员卫生间单独设置。病房附属式卫生间宜做成多功能卫生间，面积不小于 3m²，卫生间内部布置均按照前述内部布置的优化方式布置
特殊病房卫生间	做法	1）儿童住院部卫生间需要根据儿童生理特点设置不同年龄段儿童使用的便器设施，布局时考虑儿童心理，多人间的卫生间应和单人间的卫生间分区设置，公共儿童卫生间周边通常需要设置浴室、尿布更换室、餐厅、洗发间、污物处理室等相关空间 2）妇科的卫生间应与产科的卫生间分别设置，产房应自成一区，入口处应设卫生通过和浴室、卫生间。特产室应邻近分娩室，宜设专用卫生间

表7-2 卫生间设计模块

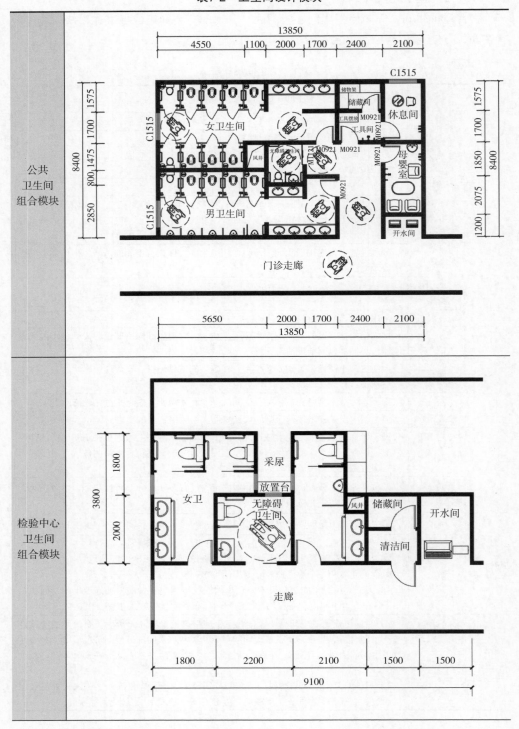

公共卫生间组合模块

检验中心卫生间组合模块

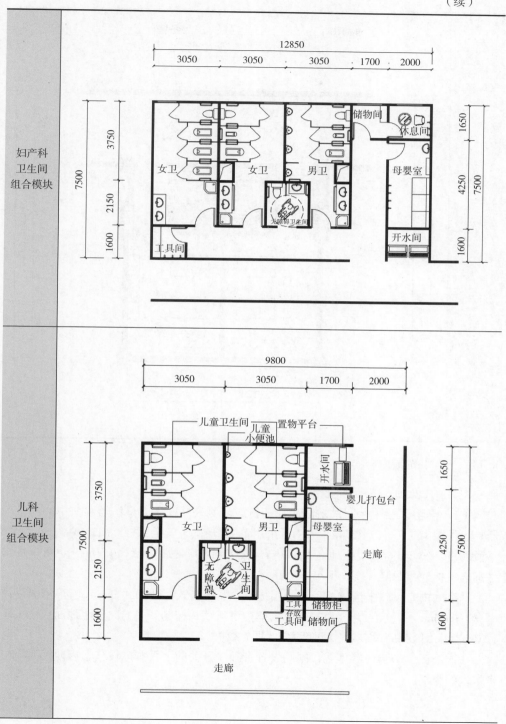

妇产科
卫生间
组合模块

儿科
卫生间
组合模块

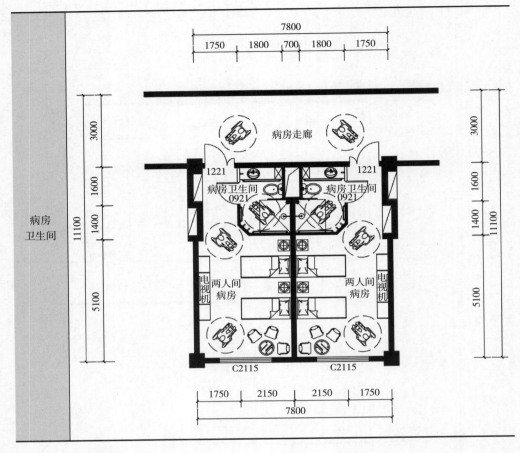

7.2.2 空间布局

1.病房卫生间

（1）淋浴区　卫生间淋浴区应在一侧或两侧安装扶手，淋浴器喷头中心与其他器具水平距离应不小于0.35m。扶手可采用单侧L形垂直安全抓杆，高1.40～1.60m，水平段长度不小于0.60m，距地高度0.70m，安装端点中心距离墙面0.30m，也可采用水平围合型抓杆，两侧长度均不小于0.70m。

淋浴间内宜设置淋浴椅，可以采用挂墙式、可折式、活动式等，患者淋浴时淋浴坐凳高0.40m、深度不小于0.45m。淋浴间内淋浴喷头控制开关的高度距地面应不大于1.20m，淋浴区旁应设有紧急呼叫设施（图7-32）。

在淋浴区上部与便器排气口同侧设置带独立开关的上页排风设备，以便及时排出带水汽的空气。

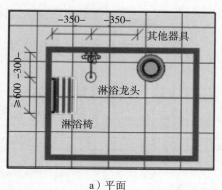
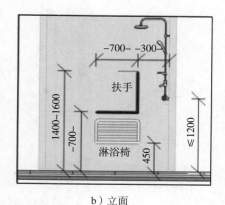

a）平面   b）立面

图7-32 卫生间淋浴区布局

（2）如厕区 卫生间如厕区宜选用坐便器，坐便器中心线距侧墙应不小于
0.45m，中心线距侧面器具应不小于0.35m，前边缘距墙应不小于0.50m，前边缘距器
具应不小于0.50m，应考虑垃圾桶的放置空间。

坐便器应在一侧或两侧安装扶手，宜在墙面一侧设L形垂直安全抓杆，水平段长
度应不小于0.70m，距地高宜为0.70m，距离墙面宜为0.40m。不靠墙安装的抓杆宜采
用T形固定水平抓杆，水平段距地高0.70m，长度不小于0.65m。若采用悬臂式可转动
的抓杆，应注意折状态下的使用安全。安全抓杆的直径应为0.03 ~ 0.04m，安全抓杆内
侧距墙面0.04m。

宜在坐便器旁、距地面高0.40 ~ 0.50m处设置求助呼叫按钮，水平位置宜在离坐便
器前缘0.50m范围内。

取纸器宜设置在坐便器的侧前方，高度为0.40 ~ 0.50m。坐便器一侧应设置输液挂
钩，高度为1.70 ~ 1.80m（图7-33、图7-34）。

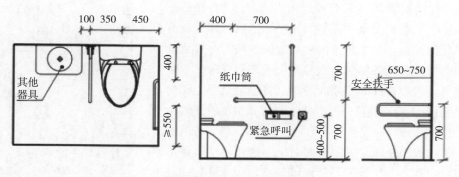

图7-33 卫生间如厕区布局

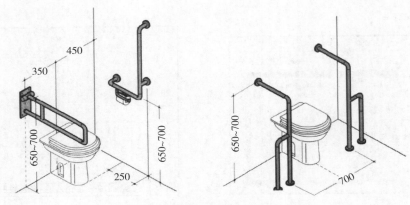

图7-34　卫生间如厕区安全抓杆

（3）洗手区　卫生间洗手区的成人洗手台中心线应距侧墙0.45m，侧边缘与相邻器具的距离不小于0.10m，前边缘距墙、距器具应不小于0.60m。洗手台盆的下方应方便清洁打扫，考虑脸盆等物品的放置空间。水嘴出水口与洗手台最高水面的垂直距离应不小于0.025m，距离洗手台前边缘应不大于0.485m。洗手台处镜子底面距地不大于0.95m，宜采用不带框式镜子，便于清洁，避免滋生细菌。采用台盆的宜采用台下盆，台面阳角应做圆角或切角处理。设置地漏便于冲洗地面及时排水。

如果设置儿童用洗手盆，可采用小柱盆，水平高度应不大于0.60m，盆前缘距墙应不大于0.30m，专配洗手液和擦手纸盒。

2. 公共卫生间

公共卫生间的功能分区包括等候区、如厕区、洗手区等。

（1）等候区　公共卫生间的厕位数量应超过6个，宜在卫生间外设置等候区，提供座椅供如厕人员休息等候，等候区可设置在公共走廊或角落空间。

（2）如厕区　如厕区分大便如厕区和小便如厕区。每个卫生间至少有1个厕位设置助力扶手。为保证打点滴的病患人员如厕安全和方便。每个厕位内必须配备方便挂吊瓶的挂钩。每个厕位内须设置便于临时存放尿液样品和粪便样品的置物台。检验科、操作治疗区的卫生间则需另设置废弃样品容器收集桶。每个区域卫生间内至少设置1个无障碍厕位以及方便临时摆放拐杖的支架。

1）小便器

①挂式小便斗：方便及时对地面进行清洁，保证地面清洁无死角。但是容易使尿液外溅，产生一定的污染（图7-35）。

②立式小便斗：能够减少尿液的外溅和对衣物的污

图7-35　挂式小便斗及挡板

染。但如果与地面的交接处理不当，会使液体的外流，对卫生间产生污染（图7-36）。

③ 小便池：可以解决人流集中时如厕的问题，隐私性不好，调研时发现已经没有采用小便池的医院了。

卫生间小便器的设计要充分考虑视线情况，合理设计隔板材质与高度，保护个人隐私，优化如厕体验。根据《建筑设计资料集》中男子平均身高1.69m的数据，合理设计挡板的高度与小便

图7-36　立式小便斗、挡板及置物架

器的高度，一般情况下，挡板底端距地0.4m，顶部距地 1.3m。小便器距地0.4m，儿童小便器距地0.3m。人性化设计方面，在小便器内应放置卫生间专用的芳香球、樟脑球等，用来除臭除味。为了防止尿液外溅破坏室内环境，适当在小便器内搁置漏水垫，防止尿液外溅的同时，也能避免小便器被杂物堵塞。

2）大便器

① 蹲式大便器：分为脚踏式冲水和感应式冲水，在不同的医疗区域，采用不同的形式冲水。感应式冲水在多数情况下采用延时自闭阀，在患者使用后自动清洁蹲便器，但存在浪费水的缺点。脚踏式冲水比感应式冲水省水，也保证了厕所的清洁度，但也有一些如厕人员不去主动踩踏，会使厕所不能及时得到冲洗，导致细菌的传播甚至导致交叉感染问题。在检验中心，为了方便患者及时采取自己的尿液或大便样本，应采用脚踏式冲水（图7-37）。

② 坐式大便器：随着科技的进步，人民生活水平提高，对清洁的需求也越来越高，对于医院建筑来说，坐便器的防控感染措施也很重要。安全纸垫、自动感应式纸垫、紫外线消毒的应用也很普遍，在抗菌、防止交叉感染等方面都有一定的作用。

随着老龄化社会的到来，建议医院普通卫生间尽量同时设计坐便器与蹲便器，来满足不同使用人群的需要（图7-38）。

图7-37　蹲式大便器、
脚踏式冲水　　　　　　图7-38　坐式大便器

3）输液吊钩：邻近输液大厅等科室的卫生间需要设置输液吊钩，方便患者在自己输液的情况下解决如厕的问题。输液吊钩可以采用固定式，也可采用输液架，吊钩的位置距离地面约1.8m。

4）呼救按钮：针对残障人士、高血压患者、心脏疾病患者等，应在卫生间内距地高度大约0.45m的位置设置呼救按钮，宜设置在坐便器的右侧墙边和小便器的墙面（图7-39）。按钮分为呼救拉绳、呼救按钮两种形式。宜采用呼救拉绳，当患者失去行动能力时，无法触及呼救按钮，呼救拉绳会起到重要的呼救作用。

a）呼救按钮位置　　　b）呼救按钮细节

图7-39　医院卫生间呼救按钮

5）置物台：医院公共卫生间隔间内需要设置置物台，一般为长方形，便于使用，材质可选择板材、金属等（图7-40~图7-42）。住院部病房内的卫生间，应考虑到患者长期生活在病房内，设置搁置洗漱物品以及生活必备用品的置物台，距离地面0.7m。

图7-40　木制置物台　　　图7-41　不锈钢置物台　　　图7-42　铝合金置物台

6）挂衣钩：在医院卫生间隔间内或者墙体上设置高度在1.20m左右的挂衣钩，方便陪护人员以及患者使用（图7-43、图7-44）。

（3）洗手区

1）洗手池：洗手池分为自动感应式水龙头和手动式水龙头两种，为了避免传播细菌，建议使用自动感应式水龙头。洗手池的

图7-43　隔间挂钩　　　图7-44　墙体挂钩

安装高度控制在0.65m左右，儿童洗手池的高度控制在0.5~0.55m。公共卫生间建议选择有台面的洗手池，方便患者放置一些杂物，在中性卫生间或无障碍卫生间内可以选用柱式洗手池或台面洗手池，与无障碍设施相结合（图7-45～图7-47）。

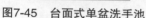

图7-45　台面式单盆洗手池

图7-46　台面式双盆洗手池

图7-47　单独设置洗手池

2）附属设施：洗手池周边需要设置洗手液、烘手器、卫生纸盒、镜子及镜前灯。洗手液建议采用自动感应式，避免患者之间的交叉感染。选择静音高效的烘手器，避免产生噪声，烘手器的位置应避免烘手位置与洗手流线有交叉。在合适位置放置卫生纸盒，方便患者以及家属及时取用，可以采用二维码、人脸识别等方式取纸，直接取用的取纸盒可以在旁边注明提示语，如"避免浪费"等（图7-48～图7-50）。

图7-48　智能化取纸盒

图7-49　扫二维码取纸盒

图7-50　诙谐的提示语

（4）婴儿护理台、婴儿椅
儿科门诊、妇科门诊、产科门诊等区域的卫生间应设置婴儿椅、婴儿护理台等设施（图7-51、图7-52）。

7.2.3　物理环境

1. 采光照明

（1）自然采光　医院卫生间

图7-51　婴儿椅

图7-52　婴儿护理台

尽量采用自然采光和通风，保证足够的自然光，建筑采光面积与地面面积之比不小于1∶8，外墙侧窗不能满足采光要求时如有条件可增设天窗。

（2）人工照明　卫生间晚上的人工照明设计，建议采用整体照明与局部照明相结合的设计手法，营造不同的灯光层次和温馨的氛围。照明的亮度要充分考虑患者的情绪，还要注意灯光的明暗是否便于观察洁具的清洁程度。

1）采用整体照明与局部照明相结合的方式，照度值满足100lx，灯光应有良好的显色性，色温为3000~5500K。

2）灯泡（管）不应直接裸露在外，不宜选用悬挂式灯具，应选用嵌入式灯具。

3）洗手池上方应配备镜前灯，宜选用沟槽嵌入式灯具。

4）应配备应急照明灯具。

5）宜选用LED照明，灯具设置尽量避免眩光。

如图7-53所示的医院卫生间，镜前灯为漫射光照明，光线柔和，显色性好。图7-54所示的医院卫生间顶棚采用嵌入式一体化照明。图7-55所示的医院洗手池上方采用镜前灯照明，由于直接安装在镜子上方，所以容易产生眩光。

图7-53　镜前灯漫射光照明　　　　图7-54　嵌入式一体化照明　　　　图7-55　镜前灯照明

2. 声环境

卫生间的管线需要埋设或装修时包住，再对卫生间进行适当的隔声或吸声处理。可适当播放一些轻音乐，缓解患者焦急的情绪。

3. 嗅觉环境

加强卫生间的自然通风。

加强卫生间内的通风设施，可采用上送上排和上送下排两种机械排风方式，使呼吸区的氨气浓度、硫化氢浓度符合《公共厕所卫生规范》的要求。

可增加新风除臭设备去除卫生间异味，卫生间内配置"进风口—人口鼻—排风口"三点一线的空气排放系统，减少如厕者因为异味而产生的不适感（图7-56）。

在卫生间内设置熏香、香氛等，改善卫生间的空气质量。

负压新风除臭系统

出风点
气流线
人口鼻
排风点

处理后新风排出
净化后新风
异味负压排风口

图7-56　卫生间新风除臭系统

7.2.4　色彩材料搭配

1. 色彩

　　医院卫生间应以明度较高、色彩纯度较低的柔和颜色为主，给患者带来明快、轻松、洁净的感觉。无论何种色调定位，都要使卫生间的颜色与医院整体环境相协调，统一之中求变化（表7-3）。

表7-3　卫生间色彩应用

色彩	设计应用	注意事项
白色	白色给人以干净、清新的感觉，可采用白色的瓷砖以及白色挡板，感觉比较干净	全是白色显得过于单一，应该搭配其他颜色增加变化，如灰色、米色等
蓝色	蓝色容易让人联想到大海和蓝天，给人感觉比较安静和开阔。可以在儿科等科室使用蓝色，营造宁静的氛围	与邻近色绿色或黄色搭配，使用白色等进行调节
粉色、紫色	粉色或紫色是女性喜欢的颜色，紫色是妇产科经常选用的颜色，有镇静的作用，还能营造柔和的氛围	选择饱和度低的粉色或紫色，用无彩色进行调节，如浅灰色等
绿色	绿色容易让人联想到大自然，具有疗愈的作用，因此卫生间适当选择绿色进行装饰，能够舒缓患者压力，营造自然清新的氛围	可以在隔板、墙面等部位局部使用
米色、木色	米色或木色给人以温馨的感受，也是卫生间选用比较多的色系	营造不同的色彩层次。如界面可以选择米色，隔板等可以选择木色，既温馨又活泼

为了提高识别性，卫生间内可使用高对比度的色彩搭配，使隔间内设备更易于被视觉障碍者辨认。不同的色彩会给人带来不同的视觉感受，如图7-57所示，儿童医院卫生间采用色彩饱和度较高的抗倍特板，让儿童感受到生机与活力，缓解病痛的焦虑。图7-58所示的医院卫生间采用米色、木色，营造出温馨典雅的氛围。图7-59所示的医院卫生间采用白色，局部使用灰色马赛克及褐色人造石台面，既干净又稳重。图7-60所示的医院卫生间以米色为主色调，局部使用褐色马赛克进行调节，同时是利用色彩进行功能分区。

图7-57　绿色系如厕间

图7-58　木色系如厕间

图7-59　中性色系搭配

图7-60　米色系主色调

2. 材料

（1）**地面材料**　在地面材料的选择上，防水抗菌是选择卫生间装修材料的原则。地面材质应以防水、防滑、抗菌为主要原则，花岗岩、防滑抗菌瓷砖等是医院卫生间地面的首选材质，装修地面低于其他地面10~20mm，地漏应低于其他地面10mm左右，方便地漏排水。

（2）**吊顶材料**　在吊顶材料的选择上，以防水、耐热、抗菌为主要选择原则，一般以多彩成型的铝扣板和亚克力板为建筑材料，这些材质耐水性强，表面又贴有隔热材料，规格以120mm宽条型、300mm×300mm、600mm×600mm和集成吊顶为主，表面材质有平板、微空两种形式。

（3）**墙面材料** 在墙面材料的选择上，应选用防水、抗菌、防腐蚀、抗霉变的材质，比如容易清洁的瓷砖、马赛克以及大理石等，马赛克等材质容易拼贴组成不同图案。

（4）**隔间材料** 厕位间的隔板及门宜采用坚固、防潮、防腐、防火、防烫、防破坏、易清洁的材料，现在应用得比较广泛的隔间材料是抗倍特板等板材，不仅坚固、防潮、易清洗，还有多种颜色和纹理，装饰性非常好。

医院卫生间常用材料的特点如表7-4所示。

表7-4 卫生间常用材料

位置	材质	外观图	用材特点
墙面材料	大理石		大理石不变形、硬度高、耐磨性强、抗磨蚀、耐高温、免维护
	釉面砖		釉面砖是经过釉处理的砖，防水性能好、耐磨
	马赛克		马赛克质地坚硬、耐酸碱、耐腐蚀、耐磨、不易破碎，颜色很丰富
地面材料	花岗岩		花岗岩密度大、硬度高，表面很耐磨，抗细菌再生能力比较好，防刮伤性能十分突出，耐磨性能良好
	医用防滑抗菌瓷砖		瓷砖具有抗腐蚀、耐高温、易清洗等特点，种类也很多
吊顶材料	铝扣板		铝扣板分网格扣板、方形扣板、条形扣板等，表面可分为冲孔和平面两种。铝扣板色彩艳丽丰富，具有防火、防潮、吸声隔声的特点。铝扣板吊顶有轻钢龙骨和木方龙骨两种安装方法，在卫生间内，一般采用轻钢龙骨安装，可减少变形
	铝塑板		铝塑板美观时尚、耐腐蚀性好，但施工复杂、不易维护、不易改造

位置	材质	外观图	用材特点
吊顶材料	PVC 板		PVC 板重量轻、防水、防潮、防蛀、防火，花色和图案种类较多，以素色为主，是经济的吊顶材料
隔断材料	抗倍特板		具有坚固、抗撞击、防水、耐潮湿、抑菌等特点，装饰性强，有多种花色选择

3. 人性化设计

在医院卫生间内部环境中，可以适当放一些轻音乐，缓解患者的情绪。前室的墙面上可适当悬挂艺术作品（图7-61）。在卫生间的洗手台上搁置绿色的植物，给人以清新的感受（图7-62、图7-63）。患者在如厕时，陪护家属要在卫生间的入口处等待患者，这个时候，如果在卫生间入口处设置等候区，设置一定数量的座椅以及盆栽植物，整个卫生间的环境会有很大的提高（图7-64）。

图7-61 卫生间马赛克壁画

图7-62 墙面小绿植挂饰

图7-63 菊花、兰花等装饰画

图7-64 卫生间外等候空间

4. 无障碍设计

为了方便虚弱的患者如厕后起身，卫生间内应设置安全抓杆。安全抓杆按材料分为不锈钢管、钢管喷塑、钢管烤漆以及钢芯尼龙管等。安全抓杆按使用方式分为垂直旋转式安全抓杆与固定式安全抓杆。安全抓杆的直径大概在 30~40mm。在无障碍卫生间内，左边两侧应设置高 0.7m 水平抓杆，在墙面一侧设置高 1.4m 的垂直抓杆，在洗手盆两侧和前缘 50mm 处设安全抓杆。如图7-65所示，病房卫生间淋浴区沿墙周边都设计了安全抓杆，淋浴座凳与抓杆为一体式设计，空间干净有序，整体性强。图7-66所示为无障碍卫生间的安全抓杆设计，每个洁具两侧都设置了抓杆，安全性高，同时坐便一侧的抓杆可以活动，便于患者使用。安全抓杆采用深蓝色，与白色的背景墙和洁具形成了鲜明的色彩对比，便于识别，配色效果好，空间具有一定的美学效果。

图7-65　淋浴区无障碍设计

图7-66　卫生间抓杆设计

5. 私密性

从人的心理角度出发，如厕人员不希望被过往人员看到，在调研中发现很多男卫生间的小便器存在视线遮挡问题，女性卫生间也存在隐私安全性问题，因此在设计时应注意以下4个方面。

1）适当设计前室，避免厕位暴露在走廊的视线之内（图7-67）。

2）入口采用迷路式设计，避免过往人员直接看到如厕区。

3）卫生间的镜子避免对着入口，防止过往人员通过镜子看到卫生间内部如厕情况。

图7-67　前室设计

4）保证小便区隔断的高度，保证如厕者的隐私性（图7-68）。

7.2.5 标识系统

卫生间标识设计要具有创意，符合医院的形象，反映医院的特色。医院卫生间标识设计也要体现出一个医院的整体装修风格。不同区域的卫生间也有不同的设计手法，比如儿科卫生间的标识要具有醒目的颜色设计，也有儿童喜欢的卡通图画设计。

图7-68　小便区隔断

1）导向牌应设置在方便导引患者及使用者的位置，保证人能从多个角度看到标识牌。如图7-69所示，卫生间入口标识醒目，从多个角度、多个通道处都能看到卫生间标识牌，具有很好的导向性。

2）置于醒目空间处，避免遮盖，宜安装在醒目的拐弯处，如图7-70所示的卫生间，普通卫生间、无障碍卫生间标识都设置在迎面墙体上，没有遮挡，很容易识别。

图7-69　卫生间入口标识醒目

图7-70　标识醒目无遮挡

3）不易识别之处，可增加小导示牌，满足连续导向要求。

4）男卫生间、女卫生间、无障碍卫生间、第三卫生间等功能标识应设置在主入口醒目处，不宜过于艺术化地设计非通用标识。

5）第三卫生间、无障碍卫生间入口应设专用标志，考虑盲人、弱视人员识别的需求。

6）卫生间内的多功能台、儿童安全座椅等应设专用标志，视条件增加无障碍标识牌（图7-71）。

7）无障碍设施指示牌应设置在无障碍卫生间或者无障碍厕卫门的上方。

8）每个厕卫门外侧设置蹲位标志、坐位标志、无障碍厕卫标志、有无人等标志。

9）工具间、管理间应设置专用标识。

10）卫生间内应设置"小心地滑""禁止吸烟"等警示标识（图7-72）。

11）宜在卫生间每个厕位内适当位置设置"文明如厕""节约资源"等宣传标识语。

12）在卫生间入口处醒目位置应设有标识指明卫生间开放时间、管理人信息、维修保洁时间等公厕管理制度（图7-73）。

a）婴儿护理台专用标识　　　　b）坐便、蹲便厕卫标志　　　　c）无障碍专用标志

图7-71　卫生间专用标识

a）投影警示标识　　　　b）投影管理警示标识　　　　c）管理警示标识

图7-72　卫生间警示标识

a）维护时间和管理人信息　　　b）标本取用信息　　　c）管理职责信息

图7-73　医院卫生间标识

7.2.6 智能化

利用物联网、云计算、自动控制等技术提升卫生间基础水平，搭建基础智能设施、环保节能设施、公众服务系统和运营管理系统，提高卫生间的服务质量、用户体验、综合管理水平，支撑智慧卫生间建设发展。

卫生间智能设施与管理系统统一纳入医疗机构信息化管理平台，按相关规定与上级信息化管理平台对接。智慧卫生间的设计和建设应遵循国家、地方和行业的相关标准规范。

1. 智慧管理平台

智慧管理系统部署在医疗卫生机构总务部，用于对人员、设备、保洁、消耗品等进行动态及时管理，用智慧化信息处理和智能辅助决策，支撑精准管理和业务模式升级。智慧管理系统通过与智能设施互联，及时采集卫生间运营状态；对接智慧服务平台，可及时获取患者对卫生间维护运营情况的评价数据；接收来自综合管理服务平台的监管调度指令，动态上报运营管理相关数据供监管形成决策（图7-74）。

图7-74　卫生间智慧管理平台

智慧管理系统包含如下要求：

1）应具备对日常保洁、人员考勤、设备自检、卫生间物资消耗的管理功能，通过远程、手机终端等方式实现便捷管理。

2）应具备异常情况上报及管理功能。

3）宜具备卫生间运行质量管理功能。

2. 智能化设计

（1）**厕位占用监测**　方便有效管理，通过非接触探测设备，对厕位进行实时动态监测，管理方可以实时了解厕位的使用频率，合理安排保洁时间、设备管理及资源配置，提高对厕所的有效管理。

（2）**厕位引导系统**　智能疏导不拥堵，通过电子大屏显示厕位信息，厕位空余一目了然。大数据智能分析对比，提供附近厕所使用情况，人们可以选择就近排队少的厕所。相比传统厕所"无知"的排队等待，厕位引导系统及智能推荐实现了有效分流，缓解了高峰时段拥堵状况。

（3）**智能人流统计**　资源配置更合理，智能监测卫生间整体访问量、每个厕位每天使用次数及时段分布，评估厕所使用效率，方便人员安排及资源配置。

（4）**生命安全监测**　人性化服务，对如厕者生体征进行监测，出现呼吸暂停及异常趋势，系统会发出告警信息，方便相关工作人员及时提供帮助。

（5）**超时驻留提醒**　减少意外发生，监控每个厕位使用时间，针对超时情况（时间可以设置），有针对性地进行巡查，以防发生意外（如患者摔倒、孕妇不适等），同时提高厕位使用效率。

（6）**智能照明**　节能减排，通过传感器和灯光智能联动，无人使用时，自动熄灯，实现灯光调节的自动化和智能化。

（7）**异常预警告警**　提高研判预警能力，对厕位使用情况及环境进行检测，提高应对突发事件的能力。

（8）**一键求助**　为安全防护加码，当如厕人员出现意外或卫生间发生起火、漏水等情况，如厕人员可以拉下求救按钮，后台管理人员会立即收到求救信息，及时采取应对措施，降低安全事故率。

（9）**环境检测**　保持空气清新，对烟雾、明火、异味、酒精浓度等情况进行检测及告警，若发现吸烟情况，通过广播进行友好提醒并及时安排保洁，保障厕所优质环境。

智慧厕所通过传感器实时收集设备使用信息和环境参数，通过技术整合，对公厕环境和设备进行实时监测和调节，让公厕时刻处于清洁、舒适、卫生的状态。一套完整的智慧厕所由"基础设施、移动联网、智能供电、咨询广告、自动售货、智能体检、安防监控、综合管理平台"8大系统构成，依托整体设计方案实现系统化的技术串接与应用。

智慧厕所具备即时感知、准确判断、及时反馈和精确执行的能力，有效解决了卫生间在卫生打扫、人员配置、人性化服务等方面的问题，为患者创造优质、舒适、便捷、安全的如厕体验。

参考文献

［1］中国建筑标准设计研究院. 国家建筑标准设计图集：医疗建筑卫生间、淋浴间、洗池：07J902-3[S]. 北京：中国计划出版社，2008.

［2］中国医院协会医院建筑系统研究分会. 综合医院建筑设计规范：GB 51039—2014[S]. 北京：中国计划出版社，2014.

［3］北京市建筑设计研究院. 无障碍设计规范：GB 50763—2012[S]. 北京：中国建筑工业出版社，2012.

［4］深圳市医院管理者协会. 医疗卫生机构卫生间建设与管理指南：DB 4403/T 182—2021[S]. 深圳：深圳市市场监督管理局，2021.

［5］格伦. 中国医院建筑思考：格伦访谈录[M]. 北京：中国建筑工业出版社，2015.

［6］孟建民. 新医疗建筑的创作与实践[M]. 北京：中国建筑工业出版社，2011.

［7］布罗托. 全球大型综合医院设计[M]. 李敏娜，译. 天津：天津大学出版社，2010.

［8］罗运湖. 现代医院建筑设计[M]. 北京：中国建筑工业出版社，2002.

［9］罗运湖. 现代医院建筑设计[M]. 2版. 北京：中国建筑工业出版社，2010.

［10］GEHL J. Life between buildings：Using Public Space[M]. New York:VAN Nosrand Reinhold，2003.

［11］郑晗旸. 基于循证设计的医院建筑护理单元空间环境设计研究：以河北地区为例[D]. 天津：河北工业大学，2016.

［12］黎家雄. 深圳地区医院护理单元舒适性设计研究[D]. 深圳：深圳大学，2019.

［13］周雨曦. 医疗综合楼的住院区设计研究：以深圳大型综合医院为例[D]. 深圳：深圳大学，2019.

［14］李楠. 医院病房护理单元自然光环境优化设计研究[D]. 哈尔滨：哈尔滨工业大学，2015.

［15］宝正泰. 病房楼护理单元人性化设计研究[D]. 长沙：中南大学，2012.

［16］张声扬. 大型综合医院公共空间的人性化设计实践与探索[D]. 广州：华南理工大学，2012.

［17］李宗虎. 人性化视角下的康复医疗护理单元空间设计研究[D]. 重庆：重庆大学，2017.

［18］况毅. 大型综合医院住院病房设计研究[D]. 重庆：重庆大学，2015.

［19］张立冉. 现代综合医院卫生间建筑设计研究[D]. 西安：西安建筑科技大学，2017.

［20］任鹏远. 综合医院卫生间建筑设计优化相关基础研究[D]. 南京：东南大学，2014.

［21］周佳庆. 医院建筑公共空间人性化设计[D]. 天津：天津大学，2015.

［22］何奇. 我国大型综合医院无障碍环境设计研究[D]. 北京：北京建筑大学，2013.

［23］王海瑞. 综合医院急诊部建筑物理环境现状及控制对策研究[D]. 北京：北京建筑大学，2013.

［24］丁华. 以效率为核心的综合医院急诊科建筑设计研究[D]. 重庆：重庆大学，2012.

［25］韩婧. 基于行为心理的综合医院急诊部空间环境研究[D]. 大连：大连理工大学，2011.

［26］边颖. 建筑外立面设计[M]. 北京：机械工业出版社，2012.

［27］DILANI A. Psychosocially Supportive Design: A Salutogenic Approach to the Design of the Physical Environment[J].Design and Health Scientific Review，2008，1(2):47-55.